AF476785

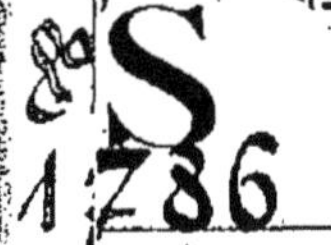


# RECHERCHES

SUR LES MOYENS D'ÉTENDRE ET DE PERFECTIONNER

LA

# CULTURE DES PRAIRIES ARTIFICIELLES

EN PICARDIE,

PAR F. H. GILBERT,

DÉCÉDÉ MEMBRE DE L'INSTITUT ET DU CORPS LÉGISLATIF,
DIRECTEUR-ADJOINT ET PROFESSEUR A L'ECOLE VÉTÉRINAIRE D'ALFORT,
MEMBRE DE LA SOCIÉTÉ ROYALE D'AGRICULTURE DE PARIS, ETC.

MÉMOIRE COURONNÉ EN 1787

PAR L'ACADÉMIE D'AMIENS

ET PUBLIÉ AVEC UNE INTRODUCTION

PAR M. CH. DUFOUR,

OFFICIER DE LA LÉGION D'HONNEUR ET DE L'UNIVERSITÉ,
MEMBRE DE LA SOCIÉTÉ DES AGRICULTEURS DE FRANCE,
ANCIEN CONSEILLER GÉNÉRAL DE LA SOMME, ETC.

MÉROT, IMPRIMEUR
à Montdidier.

DOUILLET ET C°, IMPRIMEURS
à Amiens.

LIBRAIRIE J. B. DUMOULIN, 13, Quai des Augustins, Paris.

1880

# RECHERCHES

SUR LES MOYENS D'ÉTENDRE ET DE PERFECTIONNER

LA

# ULTURE DES PRAIRIES ARTIFICIELLES

EN PICARDIE.

# RECHERCHES

SUR LES MOYENS D'ÉTENDRE ET DE PERFECTIONNER

LA

# CULTURE DES PRAIRIES ARTIFICIELLES

EN PICARDIE,

PAR F. H. GILBERT,

DÉCÉDÉ MEMBRE DE L'INSTITUT ET DU CORPS LÉGISLATIF,
DIRECTEUR-ADJOINT ET PROFESSEUR A L'ECOLE VÉTÉRINAIRE D'ALFORT,
MEMBRE DE LA SOCIÉTÉ ROYALE D'AGRICULTURE DE PARIS, ETC.

MÉMOIRE COURONNÉ EN 1787

PAR L'ACADÉMIE D'AMIENS

ET PUBLIÉ AVEC UNE INTRODUCTION

PAR M. CH. DUFOUR,

OFFICIER DE LA LÉGION D'HONNEUR ET DE L'UNIVERSITÉ,
MEMBRE DE LA SOCIÉTÉ DES AGRICULTEURS DE FRANCE,
ANCIEN CONSEILLER GÉNÉRAL DE LA SOMME, ETC.

MÉROT, IMPRIMEUR
à Montdidier.

DOUILLET ET C°, IMPRIMEURS
à Amiens.

LIBRAIRIE J. B. DUMOULIN, 13, Quai des Augustins, Paris.

1880

# INTRODUCTION

## DE L'ÉDITEUR.

---

### I

« L'usage d'avoir des bestiaux est le plus anciennement reçu dans l'agriculture, en même temps qu'il est « le plus lucratif. » (1)

Cette vérité, proclamée il y a plus de dix-huit cents ans par Columelle, est devenue la base fondamentale de notre agriculture moderne ; mais les efforts, pour en répandre l'application et la faire passer du domaine spéculatif dans la pratique, n'ont jamais été plus multipliés, plus intelligents, que dans la seconde moitié du dernier siècle.

(1) Nam in rusticatione vel antiquissima est ratio pascendi eademque quæstuosissima. Col. Lib. VI. Præfatio.

Suivant la judicieuse remarque d'un bibliographe (1), l'agriculture, comme tous les arts et les institutions, est soumise à l'empire tyrannique de la mode. A l'époque que nous venons de rappeler, ce fut, dit-il, une sorte de manie de publier des ouvrages relatifs à l'agriculture, et au milieu des disputes théologiques et parlementaires, on vit naître l'Ecole des économistes.

En nommant, parmi ceux qui ont adopté ses principes, l'une des gloires de la Picardie, Parmentier, et les non moins savants Yvart, Silvestre, Tessier, l'abbé Rozier, etc., nous aurons bien vite fait comprendre l'influence considérable que la nouvelle école devait exercer sur les esprits sérieux.

Pénétré de l'impérieuse nécessité d'entretenir dans les fermes un nombreux bétail pour rendre aux terres, par l'engrais, les principes fertilisants que leur enlève la récolte, on se préoccupait, avant tout, des besoins de son alimentation. C'est alors que surgit, sous la bienfaisante inspiration des Economistes, une véritable propa-

(1) De Musset-Pathay, auteur anonyme de la Bibliographie agronomique ou Dictionnaire raisonné des ouvrages sur l'économie rurale et domestique. Paris, Colas, 1810, in-12.

Cette curieuse nomenclature, précédée d'un excellent discours sur l'histoire de l'Agriculture, nous a fourni l'indication des principaux ouvrages agricoles, publiés au dernier siècle et qui intéressent spécialement la Picardie. Pour ne pas trop charger cette Introduction, nous en renvoyons la liste aux notes, qui suivront le manuscrit que nous éditons.

gande pour étendre les prairies artificielles et développer en France la richesse nationale, dont l'agriculture ne cessera d'être une source intarissable.

La nouvelle doctrine, qui s'appuyait avec raison sur la production du sol pour enrichir l'Etat, se répandit, comme un mot d'ordre, dans les provinces, et les Académies, dont la plupart venaient de se fonder (1), rivalisèrent de zèle et d'initiative pour l'appliquer dans leurs circonscriptions. L'alimentation du bétail, qu'il importait d'augmenter dans de notables proportions, pour rendre les terres plus productives, constituait, en effet, la plus importante réforme que réclamait l'état désastreux de l'agriculture (2). Les corps savants, qu'animait

(1) Dans son histoire de France, M. Henri Martin s'exprime ainsi Tom. XVI, p. 167 :

« M. Trudaine, Directeur des Ponts-et-Chaussées, provoqua, dans « l'un des voyages qu'il fit pour répandre les idées économiques de « M. de Gournai, l'établissement de la société bretonne pour le per- « fectionnement de l'agriculture et du commerce (1756), société dont « l'exemple fit surgir un grand nombre d'associations analogues dans « le reste de la France. »

Cet auteur cite, en note, les sociétés de Tours, de Paris, de Lyon, de Montauban, comme remontant à 1761.

Mais la Picardie ne s'était point laissée devancer par la Bretagne. L'académie de Soissons avait été fondée en 1674, et celle d'Amiens, en juin 1750. Celle d'Arras daterait même de 1737, d'après son historien, M. Van-Drival.

(2) « C'est une vérité, triste sans doute, mais incontestable, que l'a- « griculture n'a fait, depuis les Romains, que des progrès extrêmement « lents. » — Gilbert, Traité des Prairies artificielles, 1789, p. 9.

l'amour du progrès, le comprirent à l'envi ; aussi n'ont-ils rien négligé pour vulgariser les principes élémentaires qui devaient accroître la prospérité publique, et leurs efforts se produisirent avec un ensemble, avec une simultanéité, bien dignes d'être remarqués.

Le sage Sully s'était contenté de répéter que *le labourage et le pâturage étaient les deux mamelles de l'Etat.* Plus d'un siècle et demi s'écoula, avant que la science entreprît la révolution agricole, contenue en germe dans cette salutaire maxime.

## II

Le courant d'idées généreuses, entretenu par le génie naissant de l'Economie rurale, a donné le jour à un manuscrit que nous avons possédé pendant plus de 40 ans, sans nous être parfaitement rendu compte de sa valeur, et nous le confessons en toute humilité. Les ardeurs d'une jeunesse, que nous nous sommes efforcé de rendre laborieuse, nous avaient facilement entraîné dans la voie tracée par S. Jean... *Colligite fragmenta ne pereant* (1). Nous avons ainsi commencé par recueillir bien des débris de notre histoire locale, réservant à un autre âge et à des moments plus libres le soin d'étudier, d'apprécier les trouvailles d'un temps, qui n'est plus.

(1) Chapitre VI, ℣ 12.

Mais, un jour, en cherchant à mettre un peu d'ordre au milieu des matériaux historiques, accumulés par otre Picardomanie, qu'on nous pardonne cette néologie toute de circonstance, nous avons heureusement mis la main sur un Mémoire, composé de neuf cahiers in-folio, non cousus, d'une écriture assez nette, d'une orthographe moins correcte et qui révèle trop la main d'un scribe travaillant au rôle, et se préoccupant fort eu de copier fidèlement.

Comme on le verra bientôt, l'auteur tenait à se présenter simultanément dans trois concours académiques. Le loisir lui manquait de relire son texte ; aussi nulle retouche, nulle correction n'apparaît-elle sur notre manuscrit. Quelques imperfections grammaticales nous donnent cette entière certitude que ce Mémoire, adressé à l'Académie d'Amiens en 1787, à l'occasion d'un concours ouvert sur les moyens d'étendre et de développer la culture des prairies artificielles (1) dans

(1) Déjà, l'académie de Dijon s'était occupée, et la première, nous le croyons bien, de l'amélioration à introduire dans la culture des prairies. Antérieurement à 1783, elle avait, en effet, proposé cette question, comme sujet de prix :

*Désigner les plantes soit venimeuses, soit inutiles, qui infectent souvent les prairies de la Bourgogne et diminuent leur fertilité ; indiquer les moyens d'en substituer de salubres et d'utiles, de manière que le bétail y trouve une nourriture saine et abondante.*

Le prix a été remporté par Sébastien Justin Burgmans. (Voir le n° 1080 de la Bibliographie agronomique.)

cette généralité et avec l'épigraphe... *Quid faciat lætas segetes*... n'est pas de la main même du concurrent.

Ce travail n'est point signé et il ne pouvait l'être, par suite de sa destination. Mais en cherchant, dans une première lecture, à l'apprécier, nous avons été bien vite convaincu qu'il était l'œuvre d'un agronome expérimenté, d'un observateur encore plus pratique que théoricien. Non-seulement il a parcouru les diverses contrées de la Picardie pour en étudier le sol et la culture, mais bien plus il a voyagé en Suisse, en Allemagne, en Angleterre pour se rendre mieux compte des méthodes agricoles, les plus perfectionnées.

## III

A quel savant agronome devions-nous attribuer ce Mémoire, d'un si puissant intérêt pour notre province ?

Cette question, qui nous préoccupait avant tout, a ouvert devant nous un vaste champ à explorer, et dans de semblables investigations, on s'éloigne d'autant mieux du but, que l'on tient, pour ainsi dire, l'objet désiré sous la main. Aussi, après avoir battu bien des buissons, après avoir consulté, vainement, de nombreux documents contemporains de toute nature, avons-nous pensé enfin à rechercher ce qu'étaient devenues les archives de l'Académie d'Amiens, antérieures à 1789. Cette tardive inspiration a dépassé nos espérances : grâc à son obligeant archiviste, nous avons été heureux d'apprendre que les registres aux délibérations étaient soigneusement conservés. M. Garnier voulut bien nous autoriser à en prendre communication ; nous tenons à l'en remercier, car, par le fait seul de sa complaisance habituelle, le problème, que nous nous étions posé, ne pouvait manquer d'être résolu.

En effet, nous trouvons à la séance du 25 août 1785, un prix de 600 livres, offert par M. le duc de Charost, en faveur d'un Mémoire, qui répondrait le mieux au programme, tracé par ce bienfaiteur, concernant la culture des prairies artificielles dans la généralité d'Amiens.

Dans la séance du 25 août 1786, jour de la fête de S. Louis, que l'Académie d'Amiens célébrait chaque année, le sujet du prix Charost fut rappelé, et les concurrents ont été invités à transmettre leurs ouvrages, franc de port, avant le 1er juillet 1787, sous le couvert de M. l'intendant de Picardie, à M. Gossart, avocat au bailliage d'Amiens, secrétaire-perpétuel de l'Académie, avec une devise, répétée sur le billet cacheté.

Cinq Mémoires furent adressés dans le délai réglementaire, et voici, d'après le dépouillement que nous avons fait du registre aux procès-verbaux, leur date de réception avec chacune des devises :

5 juin 1787 — n° 1. — La terre en est plus belle et plus féconde.

14 juin 1787 — n° 2. — *Non ubique omnia.*

15 juin 1787 — n° 3. — *Quid faciat lætas segetes.*
29 juin 1787 — n° 4. — *Absque terrore requiescet.*
29 juin 1787 — n° 5. — *Vincit amor patriæ.*

Comme nous l'apprend le procès-verbal du 14 août 1787, « M. Desmery, l'un des commissaires pour le ju-« gement du concours sur les prairies artificielles, fixa « l'attention de la Compagnie sur le Mémoire n° 3 por-« tant l'épigraphe... *Quid faciat lætas segetes*... dont « l'auteur est M. Gilbert, professeur à l'Ecole vétérinaire « à Charenton (sic). »

Nous voyons à la séance publique du même mois d'août, que le prix de 600 livres de la fondation Charost lui est définitivement attribué (1) ; cependant, il ne répondit pas à l'appel de son nom, car, une note en marge du registre constate que la récompense fut remise à M. Collignon.

D'après l'Almanach de Picardie de 1787, ce dernier, maître en chirurgie à Amiens, remplissait à cette époque les fonctions de lieutenant du premier chirurgien du Roi, de chirurgien-major de l'hôpital militaire et de la Compagnie de Luxembourg des Gardes du Corps, alors en garnison dans notre ville. De vétérinaire à chirurgien, les rapports scientifiques se conçoivent facilement, et c'est ainsi que M. Collignon se sera chargé de recevoir la médaille, destinée au professeur de l'Ecole d'Alfort.

(1) Un accessit a été, en outre, accordé à M. Soyer, cultivateur au Hamel, pour le mémoire n° 2

## IV

Le nom de l'auteur de notre manuscrit une fois découvert, nos recherches prirent une autre direction et nous ont révélé qu'à la même époque et pour ainsi dire simultanément, il avait pris part à deux autres concours sur les prairies artificielles et qu'il y avait obtenu le même triomphe.

En effet, dans sa séance publique du 30 mars 1786, la Société royale d'agriculture de France avait proposé pour sujet d'un prix de 1000 livres et d'un jeton en or de la valeur de 100 livres la question suivante :

*Quelles sont les espèces de prairies artificielles qu'on peut cultiver avec le plus d'avantages dans la Généralité de Paris, et quelle en est la meilleure culture?*

C'est le 19 juin 1787, que la distribution des prix eut lieu sous la présidence de M. de Brienne, archevêque de Toulouse, chef du Conseil royal des Finances. Le procès-verbal même de cette solennité nous a été communiqué par le bibliothécaire de la Société nationale d'agriculture de France, et nous avons à cœur d'exprimer à M. Jules Laverrière, dont les gracieuses communications ont singulièrement favorisé notre travail, que nous conserverons de sa bienveillance empressée le meilleur souvenir.

Le prix fut décerné à Gilbert. Voici la lettre même par laquelle, avec une fraîcheur de sentiments qui touche, il rend compte à sa mère de cette imposante cérémonie :

22 juin 1787.

« L'assemblée publique de la Société d'agriculture « s'est tenue, ma chère maman, mardi dernier. Jamais « je n'en ai vu de plus brillante et de plus nombreuse : « elle était composée de plus de quatre mille personnes, « parmi lesquelles se trouvaient les personnages les plus « distingués de la nation. Elle était présidée par M. de « Brienne, archevêque de Toulouse et qui, vous le savez, « est aujourd'hui premier ministre et chef du Conseil du « Roi. La plupart des autres ministres et un grand « nombre de maréchaux de France, de cordons bleus, « etc., etc., donnaient à cette séance l'éclat le plus im- « posant.

« C'est, devant les hommes de cette classe, qu'il m'a « fallu paraître pour recevoir le prix, qui m'a été adjugé. « M. de Brienne a eu la galanterie de vouloir que les prix « fussent distribués par les dames, et le mien m'a été « remis par Madame de Lamoignon, épouse de M. le « Garde des Sceaux. Cette dame m'a fait beaucoup de « compliments, m'a offert sa protection, m'a assuré « qu'elle saisirait avec empressement les occasions que « je lui offrirais de m'être utile. J'ai répondu que la « main, qui me présentait la médaille, lui donnerait « toujours à mes yeux un nouveau prix, et que ce serait « par de nouveaux efforts que je chercherais à prouver

« ma reconnaissance. J'ai dit, à peu près, la même chose
« à MM. de Brienne et de Villedeuil, qui m'ont témoigné
« leur satisfaction.

« Pendant cette scène, tous les yeux étaient fixés sur
« moi, et toutes les mains claquaient. Je craignais que cet
« appareil m'en imposât, au point de m'intimider, mais
« toutes les personnes de ma connaissance, qui étaient à
« l'assemblée, m'ont assuré que j'avais tenu une très-
« bonne contenance. » (1)

L'année suivante, il remporta la médaille de 500 livres (2) au concours ouvert en 1786 par l'Académie d'Arras sur un sujet analogue :

*Indiquer la meilleure méthode à employer pour faire des pâturages, propres à multiplier les bestiaux en Artois.*

## V

La parfaite conformité dans les trois programmes, relatés plus haut, pourrait bien faire supposer un seul et même travail, répondant dans des termes identiques à

(1) Extrait de la Vie et de la Correspondance de François-Hilaire Gilbert, par M. A. Delafonchardière, (son petit-neveu). Chatellerault, chez Ducloz et Varigault, libraires, 1843, p. 77.

(2) La médaille d'or, remise à l'auteur, portait cette inscription : *Domino.* Gilbert. *Academiâ. Atrebatensi. Judice.* 1788. (Histoire de l'Académie d'Arras, par M. le chanoine E. Van Drival. Arras, Courtin, 1872, in-8°, p. 64.)

trois questions d'une incontestable analogie, sauf les modifications que nécessitait la partie topographique, suivant les exigences locales de chaque concours.

Mais cette combinaison, peu délicate, aurait répugné aux scrupules de Gilbert, dont la conscience eut été assurément troublée, s'il s'était fait son propre plagiaire. Aussi, a-t-il pris la peine de traiter, pour ainsi dire, le même sujet sur un plan nouveau, sous des considérations différentes, de faire, en un mot, un travail spécial à chacun des trois concours, où il avait résolu de se présenter.

Nous en avons acquis l'entière conviction, en confrontant notre manuscrit, tout d'abord, avec le Mémoire couronné à Paris où l'auteur l'a fait imprimer en 1789, ensuite, avec la dissertation inédite, que l'Académie d'Arras croit conserver dans ses archives (1). C'est uniquement dans la description des plantes fourragères, dans

(1) Sur nos instances, M. le chanoine Van Drival, secrétaire perpétuel de cette compagnie, a bien voulu rechercher, dans ses archives, le mémoire couronné, mais en vain. Sur ces entrefaites, nous recevions de Chatellerault, parmi les papiers de Gilbert, que son petit neveu, M. A. Delafouchardière conserve religieusement et qu'il a eu la délicate attention de nous confier, un volumineux manuscrit intitulé : *Mémoire sur cette question proposée par l'Académie des belles-lettres d'Arras : Quelle est la meilleure méthode à employer pour faire des pâturages, propres à multiplier les bestiaux en Artois.*

Ce mémoire, composé de neuf cahiers grand in-folio, n'est pas plus que le nôtre de la main de Gilbert ; les incorrections grammaticales, dont il fourmille, l'attribuent, sans conteste, à un expéditionnaire fort

l'appréciation de leur vertu végétative ou alimentaire que Gilbert s'est parfois copié. Mais, en dehors des détails techniques, se rattachant au mode de culture de chacune d'elles, lequel mode ne pouvait varier d'une province à l'autre, il a fait une œuvre entièrement originale pour chaque concours.

Quelle puissance d'étude ! Comment ne pas être frappé de la prodigieuse facilité de travail du jeune professeur à l'Ecole vétérinaire d'Alfort, de sa persévérance, de son courage à se lancer dans trois luttes académiques au même moment, et de l'auréole de gloire dont elles le couronnent, au début de sa carrière !... A cette époque, il atteint à peine l'âge de 30 ans !

peu lettré. C'est donc assurément la copie de celui qui a été présenté au Concours d'Arras, et qui paraît égaré.

La communication, que nous en avons prise, nous a convaincu de l'intérêt considérable qu'offrirait sa publication. Mais notre cadre est trop vaste, et nous ne saurions l'étendre au-delà de la Picardie. Ce manuscrit renferme un fort grand tableau des plantes que produisent le plus communément les pâturages naturels de l'Artois. L'esprit méthodique du lauréat l'a divisé en quatre colonnes ; il signale, dans la première, les plantes qui améliorent les pâturages ; dans la seconde, les plantes dangereuses ; dans la troisième, les plantes parasites, et dans la quatrième, les plantes neutres.

Cette classification ne révèle pas seulement la science du botaniste, mais aussi le mérite de l'agronome, qui a parcouru tout l'Artois pour fixer la nature du sol, où croissent les plantes, indiquées dans son tableau, au nombre de près de 200 espèces. Il en donne tout à la fois les noms linnéens et les noms vulgaires, dont plusieurs sont particuliers à l'Artois.

La comparaison des trois Mémoires couronnés nous a particulièrement fait remarquer la méthode et l'esprit de synthèse, qui président aux études de leur auteur. Son Traité des prairies artificielles, dans la Généralité de Paris, renferme de nombreux tableaux, où il résume par colonne le rendement des plantes fourragères, cultivées dans chaque élection.

Mais la Picardie n'avait pas été traitée avec moins de savoir ni d'attention. Un tableau, annexé à notre manuscrit et ne comportant pas moins de 67 centimètres carrés, offre sous le même coup d'œil la nomenclature des principales propriétés, qui, avant la Révolution de 1789, se partageaient, nous ne dirons pas cette province, car elle était alors bien démembrée, mais seulement la Généralité d'Amiens, ne renfermant plus que les élections de Montdidier, de Péronne, de St.-Quentin, d'Amiens, d'Abbeville, de Doullens, du Boulonnais et du Pays reconquis.

Ce tableau synoptique, qu'il nous a fallu resserrer dans les étroites limites du format que nous avons adopté, présente aujourd'hui un intérêt historique d'une incontestable valeur agricole. C'est, pour ainsi dire, la monographie de diverses grandes fermes, qui étaient exploitées dans notre région et dont la plupart sont actuellement bien morcelées. Cette revue, en quelque sorte rétrospective de notre agriculture picarde, renferme 1° la distribution des terres employées, soit en terres labourables pour les céréales, soit en prés naturels, soit en prairies artificielles ; 2° le dénombrement des bestiaux entretenus dans chaque exploitation ; 3° le produit d'un arpent de prairie ; 4° la consommation annuelle et en fourrages d'une tête de bétail ; 5° l'engrais que donnait annuellement chaque tête de bétail ; 6° et l'engrais que nécessitait chaque exploitation.

Le dévouement à la science agronomique, dont Gilbert était, à cette époque, l'un des représentants les plus autorisés, a pu seul lui permettre de réunir et de coordonner dans cet intéressant tableau comparatif, les éléments de l'enquête à laquelle il s'était livré. Si l'on considère les nombreuses excursions qu'il lui a fallu entreprendre, à une époque où le mauvais état des chemins rendait, à peine, possible la circulation à cheval (1); si l'on se rend bien compte des difficultés à surmonter pour se procurer de si nombreux renseignements, en s'adressant aux laboureurs, qui, de son temps, comme il ne manque pas de l'observer, étaient déjà plus faciles à manier que les fermiers, on reconnaîtra que le tableau de Gilbert, résumant ses études sur la pratique agricole en Picardie, méritait à lui seul la palme académique.

(1) A l'occasion des anciennes voies de communication impraticables, Lafontaine aurait écrit quelque part :

Qui n'y fait que murmurer
Sans jurer
Gagne cent jours d'indulgence.

(La Situation agricole de la France, par J. Clavé.)

Une remarque doit trouver ici sa place, c'est que les concours scientifiques et littéraires étaient suivis, à l'époque dont nous parlons, avec une ardeur actuellement bien éteinte. A Amiens, il ne s'est pas présenté moins de cinq concurrents, comme on l'a vu plus haut ; à Arras, huit, et à Paris, plus de trente, car le Mémoire de Gilbert, d'après l'ordre de réception, portait le numéro trente-deux. Le goût des études sérieuses ne semble-t-il pas avoir considérablement diminué? Le champ clos des luttes académiques n'est-il point trop souvent désert ? L'esprit littéraire du jour est-il celui du siècle qui l'a précédé? (1)

## VI

Loin de nous la témérité de faire la biographie du savant professeur de l'Ecole d'Alfort, que l'Académie d'Amiens a eu la bonne fortune de couronner. Son éloge a retenti sous les voûtes mêmes de l'Institut de France, et pour que rien ne manquât à son illustration, l'un des princes de la science s'est chargé de le prononcer.

Voici, en effet, l'exorde de la notice que le baron

(1) En 1785, l'Académie d'Amiens n'a pas reçu moins de dix-huit mémoires, à l'occasion du concours, ouvert sur les moyens de prévenir et d'éteindre les incendies en Picardie. M. le duc de Charost, qui avait proposé ce programme et offert le prix de 600 livres, consentit à le doubler, lorsque le sujet fut remis au concours pour l'année 1787.

Cuvier a consacrée à sa mémoire, dans la séance publique du 15 vendémiaire an X :

« Certaines personnes trouveront peut-être quelque « contraste entre le sujet de ce discours et l'appareil im- « posant au milieu duquel je le prononce. Comment ! « diront-elles, c'est dans ce palais célèbre, c'est devant « ces images des grands hommes dont le génie honora la « France, c'est en présence de ceux qui marchent si bien « sur leurs traces, que le public est assemblé pour en- « tendre l'histoire d'un simple agriculteur !

« Les hommes, si disposés à se prosterner devant la « puissance, n'accordent déjà qu'avec peine leurs hom- « mages au génie, tant le pouvoir, qui ne s'exerce que « sur les opinions, leur paraît inférieur à celui qui dis- « pense les fortunes. De quel œil verront-ils que des « honneurs publics soient rendus à un homme qui ne fit « que du bien, et qui le fit dans le silence?

« Nous répondrons que c'est un des bienfaits de notre « institution de corriger les erreurs de la Renommée, « quelquefois aussi aveugle que la Fortune, et de venger « le mérite obscur où ceux, qui en profitent, le laissent « si souvent.

« Certes, ce genre de louanges n'a pas les mêmes in- « convénients que l'autre. La gloire de Virgile a fait « bien des Chapelain ; celle d'Alexandre, bien des « Charles XII. Mais les émules de Caton et de

« Columelle ne furent jamais ni odieux ni ridicules. » (1

Après ces éloquentes paroles, l'éminent organe d l'Institut rappelle que François-Hilaire Gilbert naquit Chatellerault (Vienne) le 18 mars 1757 (2); qu'il se con sacra au culte de la science agronomique avec la plus nobl ardeur, et après avoir esquissé la carrière utilitaire qu'i a parcourue dans l'amour du bien public, il nous le repré sente mourant en Espagne, victime de son dévouemen à l'agriculture.

Le Directoire l'avait chargé, en effet, d'aller au-del des Pyrénées, mettre à profit une clause du traité secre de Bâle, qui autorisait la France à acheter 5000 mérino pour améliorer ses troupeaux (3). Gilbert accepta cett mission avec l'empressement le plus dévoué; mais, comm

(1) Mémoires de l'Institut national des Sciences et Arts. — Science mathématiques et physiques. Tome IV, Paris, Beaudouin, Vendémiair an XI, p. 56.

(2) D'après les renseignements, que sur notre demande, son petit neveu, M. A. Delafouchardière, a eu la bonté de nous communiquer, Gilbert est né à Chatellerault dans une maison, dont l'ancienne e principale entrée était rue des Limousins ; elle fut démolie depuis e reconstruite, mais en laissant la moitié de son emplacement à l'élargissement d'une rue, celle de l'Aqueduc.

(3) L'Agriculture devrait l'insertion de cette clause, d'après la nouvelle biographie générale de MM. Firmin Didot, aux sollicitations de Tessier, lequel aurait obtenu que l'Espagne laisserait sortir, de son territoire, pour la France, 1000 mérinos et 4000 brebis. (Voir l'article Tessier.)

cela arrive souvent dans les généreuses entreprises inspirées par l'amour seul de la patrie, il fut payé de la plus coupable ingratitude. Le gouvernement négligea, en effet, de lui envoyer les fonds nécessaires à l'acquisition des troupeaux qu'il avait choisis. Obligé de sacrifier sa fortune personnelle pour ne pas compromettre l'honneur de la France et pour remplir les engagements contractés, en son nom, dans la Péninsule, il fut en butte aux chagrins que les fatigues d'un voyage périlleux, à travers les montagnes, devaient aggraver, et bientôt la mort l'emporta, à l'âge de 43 ans, dans un village d'Espagne, à Seigneuriolano, près de St-Ildephonse (8 septembre 1800).

## VII

Cet apôtre de la science agricole jouissait alors d'une immense considération. Il décédait, en effet, membre du Corps législatif et de l'Institut, directeur-adjoint et professeur à l'Ecole vétérinaire d'Alfort, membre du Conseil d'agriculture au Ministère et de la Société nationale d'agriculture de France. Les honneurs, qu'il s'était acquis par une vie de labeur et de dévouement à la chose publique, suggérèrent à l'un de ses collègues la motion suivante, présentée au Corps législatif, dans la séance du 23 nivose an IX :

« Citoyens législateurs, la France et l'Europe entière

« connaissent le mérite distingué du citoyen Gilbert e
« jouissent de ses heureuses découvertes. Les sentiment
« manifestés par le Corps législatif, pour un estimabl
« collègue, qui n'avait pu encore siéger parmi nous, por-
« teront quelque consolation dans sa famille. Si l
« gloire des personnes, les plus chères, ne peut dédomma
« ger de leur perte, sans doute que vous autoriser
« votre Président à témoigner à la veuve de Gilbert l
« part sincère que vous prenez à sa juste affliction, et l
« regret que vous cause la mort de son époux. » (1)

Cette proposition ne pouvait manquer d'être accueillie, tant elle répondait non-seulement aux convenances parlementaires, mais surtout au deuil général et sympathique, répandu dans le monde savant par la mort du célèbre agronome.

Aussi, l'éloge prononcé en séance solennelle de l'Institut, et dont nous avons parlé plus haut, ne fut-il pas le seul hommage rendu à sa mémoire.

Nous trouvons en effet dans le tome IV des Travaux de la Société d'agriculture de la Seine une notice biographique, fort complète, que lui consacra son savant collègue, le citoyen A. F. Silvestre.

De son côté, Tessier, membre de l'Institut, se fit également l'interprète des nombreux amis qui pleuraient Gilbert, et le journal officiel du gouvernement nous a

(1) Gazette nationale ou le Moniteur universel, tom. 24, p. 465.

conservé l'essai biographique que ses bons sentiments lui avaient inspiré. (1)

Comme on le voit, les illustrations scientifiques de l'époque s'empressèrent à l'envi de glorifier Gilbert et d'apprécier avec autant de justice que de sensibilité les immenses services qu'il avait rendus, dans sa trop courte carrière, à la cause de l'agriculture.

## VIII

Il nous importait beaucoup de retracer ces diverses circonstances, pour bien faire saisir le mérite de l'agronome, qui se présentait en 1787 au concours de l'Académie d'Amiens, et par cela même la valeur du Mémoire qu'elle a couronné et que nous avons trop tardé à éditer. Si l'auteur ne l'a point lui-même fait imprimer, ne serait-ce pas dans la crainte que ce travail ne fit, pour partie du moins, double emploi avec celui qu'il avait consacré à la Généralité de Paris et qui embrassait une plus grande circonscription? N'a-t-il pas compté, aussi, sur l'Académie d'Amiens, qui devait tenir à honneur de publier son œuvre et de la répandre dans le public? Comment son Mémoire pouvait-il produire tout le bien désirable et propager la culture des prairies artificielles en Picardie, s'il restait enfoui dans un carton? Cette négligence ne

(1) Gazette nationale ou le Moniteur universel, tom. 24, p. 47.

pouvait se concilier avec la pensée libérale, qui avait suggéré le programme du concours.

Toujours est-il que la dissertation, couronnée à Paris, fut, tout d'abord, insérée dans les Mémoires de la Société royale d'agriculture pour l'année 1788, et en deux parties, dont la première parut dans le trimestre d'hiver et la seconde, dans le trimestre de printemps.

Cette reproduction fut bientôt suivie d'une édition spéciale, publiée par l'auteur lui-même et sous ce titre :
« Traité des prairies artificielles ou recherches sur les
« espèces de plantes qu'on peut cultiver avec le plus
« d'avantages en prairies artificielles dans la Généralité
« de Paris, et sur la culture qui leur convient le mieux.
« Paris, imprimerie Ve d'Houry et Debure, 1789, 300 p.
« in-12. »

Tel fut le succès de cette importante publication, que cinq autres éditions lui succédèrent. Nous voyons, en effet, la sixième et dernière paraître en 1826, enrichie des notes d'Auguste Yvart, alors professeur à l'Ecole royale vétérinaire d'Alfort, nommé, ensuite, inspecteur général des bergeries de l'Etat (1). Pour donner encore plus de valeur à sa publication, l'éditeur a pris soin de reproduire en tête l'éloge prononcé sous le dôme de l'Institut, et dont il nous importe de relever une erreur, qui nous touche de près.

(1) Renseignement communiqué par M. Jules Laverrière.

# IX

En parlant du Mémoire couronné à Paris, Cuvier dit quelque part :

« Les matériaux et les idées, qui avaient servi de base « à son travail, n'étaient pas si particuliers à la Généra- « lité de Paris, qu'ils ne pussent aussi être utiles aux « provinces voisines. Il les employa de nouveau pour « répondre à des questions, à peu près semblables, propo- « sées par l'Académie d'Amiens et par celle d'Arras, et « il en obtint les mêmes récompenses. »

De son côté, Silvestre, après avoir rappelé les Mémoires de Gilbert, couronnés à Amiens et à Arras, s'exprime ainsi :

« Ces deux dissertations lui fournirent des matériaux « utiles, pour préparer un Mémoire plus considérable, « qui, couronné d'un nouveau prix décerné par la Société « royale d'agriculture de Paris, l'a placé parmi les agro- « nomes les plus capables d'étudier la nature et de dé- « terminer l'espèce d'amélioration dont notre agriculture « est susceptible. »

De ces deux versions si contradictoires, la dernière est seule conforme à la vérité, et lorsque Cuvier affirme que Gilbert avait puisé dans son travail sur la généralité de Paris les éléments nécessaires pour répondre aux programmes d'Amiens et d'Arras, il écrit précisément le contraire de ce qui s'est produit.

C'est un point qu'il est essentiel d'établir; car nous avons à cœur de revendiquer pour la Picardie la priorité du concours sur les avantages des prairies artificielles. Nous le faisons avec d'autant plus de liberté d'esprit, que la Société nationale d'Agriculture de France ne tient assurément pas à l'initiative qu'on lui attribue bien à tort. N'est-elle pas assez riche de son propre fonds, et ses œuvres, inspirées par la science et l'amour du progrès, ne lui ont-elles point déjà assuré le premier rang parmi les sociétés agronomiques de l'Europe?

Les documents authentiques, que nous tenons à reproduire, réfuteront l'erreur dans laquelle le baron Cuvier s'est laissé entraîner.

Comme déjà nous l'avons exposé, le prix décerné à Gilbert par l'Académie d'Amiens et d'une valeur de 600 livres avait été offert par le duc de Charost. Or, dès le 22 juin 1785, ce généreux fondateur écrivait de Paris à M. Gossart, secrétaire-perpétuel, la lettre suivante :

« J'ai cru, Monsieur, lorsque l'Académie d'Amiens m'a « permis d'assurer un fonds destiné à un prix annuel au « meilleur Mémoire sur des objets relatifs à l'agricul- « ture, au commerce, à l'industrie et au bien-être des « habitants de la Picardie, que la fréquence des incen- « dies devait attirer ses regards, comme un malheur qui

« demandait des remèdes pressants, et elle a daigné « agréer mes vues à cet égard.

« J'ose encore, si elle n'en a point qui lui paraisse « mériter une attention plus particulière, lui proposer le « sujet du prix de 1786. La disette des fourrages a attiré « les regards vigilants du gouvernement. C'est, en s'oc- « cupant des grands objets d'utilité publique, que les Aca- « démies méritent de plus en plus la protection du sou- « verain et l'affection des peuples.

« Ne serait-ce point le moment de rechercher si, dans « la Généralité, il existe entre les prés et les terres la- « bourables une proportion suffisante ?

« Si, ce n'est pas à ce défaut de proportion, que l'on « peut attribuer le peu d'aisance des provinces abondan- « tes en grains ?

« Quels sont les moyens d'améliorer les prés natu- « rels, de multiplier les prairies artificielles et d'encoura- « ger les cultivateurs à suivre une méthode à laquelle « l'Angleterre doit la prospérité de sa culture ?

« De telles vues, Monsieur, m'ont paru dignes du zèle « connu de l'Académie, et je vous prie de vouloir bien « soumettre à ses lumières le programme ci-joint, en la « priant de le rectifier, ou même de substituer un autre « sujet à celui que je propose, si elle le juge convenable.

« En lui renouvelant l'hommage de mon attachement, « soyez, je vous prie, en particulier, persuadé de la

« sincérité de celui avec lequel je suis, Monsieur, votre « très-humble et très-obéissant serviteur.

« Le duc DE CHAROST. »

D'après le procès-verbal que nous avons sous les yeux, l'Académie a pris une nouvelle lecture de cette lettre dans sa séance du 22 juillet 1785, et s'inspirant des idées de son auteur, elle a arrêté, définitivement, les termes du programme, avec quelques développements qu'il nous paraît inutile de reproduire, puisque le Mémoire du lauréat fait connaître les diverses questions qu'il avait à résoudre.

La publication de ce programme a lieu le 25 août 1785 en séance publique, et c'est plus de six mois après, c'est-à-dire le 30 mars 1786, que la Société royale d'agriculture de Paris propose pour sujet de prix l'amélioration des prairies artificielles. Près d'un mois s'écoule, et le 26 avril 1786, l'Académie d'Arras met le même sujet au concours.

Ces dates précises rétablissent donc en faveur de l'Académie d'Amiens le mérite de l'antériorité, et malgré l'assertion de Cuvier, nous sommes fondé à restituer à cette Compagnie, la première pensée d'un programme, qui a puissamment contribué à la transformation de l'économie rurale.

Il ne saurait échapper que le concours d'Amiens est resté ouvert deux ans, et que ce laps de temps a pu seul permettre à Gilbert de se présenter à celui de Paris, limité à une année seulement. Comment, en effet, aurait-il pu, dans ce trop court espace, traiter un sujet si vaste, si compliqué, si déjà il n'avait réuni pour la Picardie des matériaux, qui n'intéressaient pas moins la généralité voisine, composée de vingt-deux élections qu'il s'est fait un devoir de parcourir, pour mieux en étudier les conditions agricoles.

L'Académie d'Arras avait accordé également un délai de deux ans aux concurrents, et ce n'est qu'en 1788, dans sa séance publique du 2 avril, qu'elle décerne le prix à Gilbert. Mais, dès le 19 juin 1787, il avait été proclamé lauréat au concours de Paris, et le 25 août suivant, à celui d'Amiens. (1)

(1) D'apres les diverses biographies de Gilbert, il est constant qu'en dehors des trois médailles que nous lui connaissons actuellement, il en a remporté deux autres dans des concours, qui ne sauraient être précisés malgré toutes nos recherches. En effet, en 1789, lorsque l'Assemblée nationale, pour combler le vide immense du Trésor, décréta que chacun fournirait le quart de son revenu, le célèbre agronome fit un don patriotique des cinq médailles, qui lui avaient été décernées, et le 1er octobre de cette année, il en informe sa mère en ces termes :

.... « Le sacrifice que j'ai cru devoir faire à la Patrie m'a fait mille « fois plus d'honneur que n'auraient pu m'en faire toutes les couronnes « académiques imaginables ; il m'a valu une lettre de remerciment du « Président de l'Assemblée nationale, conçue ainsi :

« L'Assemblée nationale, Monsieur, a accepté avec bien de la satis- « faction les cinq médailles dont vous avez fait l'offre généreuse à la « Patrie. Le titre, auquel vous les avez obtenues, était très honorable « sans doute, mais celui, qui en constate le sacrifice, le sera infiniment

L'auteur de notre manuscrit n'était guère convaincu de l'impartialité du jury amiénois. Le 20 mars 1788, il écrivait, en effet, à sa mère :

« .... Les académies proposent des prix et admettent « à concourir toutes personnes généralement quelcon- « ques, mais quand il est question de décider, elles « donnent presque toujours la préférence aux mémoires, « faits par des personnes du pays.

« C'est cette considération, qui a failli me priver l'an- « née dernière du prix proposé par l'Académie d'Amiens, « et j'en étais frustré, si je n'avais fait dire par quel- « qu'un (1), que j'étais décidé à faire imprimer mon mé- « moire, quel que fut le jugement de l'Académie. La « crainte d'être hué a forcé ces Messieurs à me rendre la « justice qui m'était due. » (2)

Le résultat du concours de Paris nous semble, en effet, avoir exercé une heureuse influence sur l'esprit des juges

« plus encore, puisqu'il sera tout à la fois une preuve de votre pa- « triotisme et de vos talents.

« Je suis, Monsieur, avec une considération très distinguée, votre « très humble et très obéissant serviteur.

« Mounier,
« Président de l'Assemblée nationale. »

(A. Delafouchardière, op. cit., p. 96.)

(1) L'intermédiaire obligeant nous semble avoir dû être le chirurgien Collignon, dont il a été déjà parlé.

(2) Extrait de l'ouvrage de M. A. Delafouchardière, p. 87.

picards. Une commission de cinq membres avait été nommée, suivant l'usage, pour l'examen des mémoires, mais en a-t-elle fait une étude sérieuse, approfondie? (1) Un fait constant, c'est que notre manuscrit ne porte aucune trace de leur examen, aucune note marginale, indiquant des passages tout particulièrement remarqués et qui devaient être signalés ou critiqués dans un rapport verbal ou écrit. Aussi, le travail du savant vétérinaire aura-t-il bien pu être jugé sur l'étiquette. Comment, en effet, l'Académie d'Amiens lui aurait-elle refusé la palme du triomphe, alors qu'il venait de la remporter à Paris sur plus de trente concurrents dont la lutte fut si brillante, que la Société royale d'agriculture de France n'eut pas moins de cinq mentions honorables à décerner. (2)

## X

Les divers biographes du duc de Charost (3) le signalent

(1) Cette commission était ainsi composée: MM. de Longuerue, alors lieutenant de maire; Sellier, professeur de mathématiques; Vilin, chapelain de la Cathédrale; Desmery, avocat au Bailliage, et Denamps, médecin.

(2) D'après le procès-verbal de la séance, « la Société a trouvé dans « ces différents mémoires des pratiques utiles, des procédés peu connus, « et elle a témoigné dans son programme de 1787 le désir qu'elle avait « de connaître les autenrs, pour qu'elle fut à portée de rendre public « leur travail, sans y faire aucun changement. »

(3) Armand Joseph de Béthune, de la maison de Sully, duc de

à la reconnaissance publique, comme un économiste distingué et un ardent philanthrope. Tous ne parlent de son immense fortune que pour mieux faire valoir son inépuisable bienfaisance. Il poussait l'amour du bien public jusqu'à fonder des hospices, créer des écoles, ouvrir des canaux à ses frais. Vingt ans avant la Révolution, il avait aboli les corvées seigneuriales dans ses domaines. Un jour, Louis XV, le montrant à ses courtisans, leur dit : « Regardez cet homme, il n'a pas beaucoup d'apparence, mais il vivifie trois de mes provinces. »

Ses libéralités envers l'Académie d'Amiens remontent au 16 août 1784. A cette séance, il est, en effet, donné lecture d'une lettre, par laquelle il exprime l'intention « de lui faire remettre, tous les ans, une somme de « 600 livres pour un mémoire sur un sujet utile con- « cernant l'agriculture, le commerce, l'industrie et le « bien-être des habitants de la Picardie, du Calaisis et du « Boulonnais. »

A cette époque, l'usage des prairies artificielles était complétement inconnu en France, et en fixant l'attention

Charost, né à Versailles le 1er juillet 1738, mort à Paris le 27 octobre 1800, victime de son dévouement à l'humanité. Après le 18 brumaire, il fut nommé maire du Xe arrondissement, et en cette qualité, il se fit un devoir de soigner les malades atteints de la variole, dans l'institution des sourds-muets ; mais l'épidémie l'emporta. — (Voir la Biographie universelle de Michaud, article Charost, — et la Notice historique de Silvestre, dans les Mémoires de la Société d'agriculture du département de la Seine, tom. III, p. 338.)

de la Picardie sur la nécessité de l'introduire dans la culture, il s'est rendu, par le fait, le promoteur d'un triple et glorieux concours. Son programme, intéressant la Généralité d'Amiens, n'a-t-il pas provoqué, en effet, celui sur la Généralité de Paris, et de plus le troisième, concernant l'Artois ?

L'initiative qu'il a prise, et cette vertu ne se rencontre que chez des hommes de cœur et d'une grande élévation de sentiments, révèle le patriotisme dont il était animé. Comment ne pas nous incliner avec respect devant la mémoire de cet intelligent vulgarisateur des prairies artificielles, qui ont entraîné la suppression des jachères, et décuplé, pour ne pas dire plus, la fortune de la France ?

Mais, par quel lien se rattachait-il donc à notre contrée? L'almanach de Picardie de 1787 nous le signale comme lieutenant général de la province, gouverneur de la place de Calais, et membre honoraire de l'Académie d'Amiens. L'honorariat semblait alors commander la libéralité, car, dès 1783, un autre membre honoraire de cette Compagnie, Quentin de la Tour, peintre du Roi et dont les pastels ont acquis tant de valeur, faisait don d'une rente annuelle de 500 livres, pour récompenser un acte de courage ou d'humanité.

## XI

Après cette digression, que commandaient les bienfaits trop oubliés du puissant philanthrope, nous ne laisserons pas ignorer que le Traité des Prairies artificielles, couronné à Paris, malgré les six éditions, qui ont été répandues dans le public, est aujourd'hui introuvable. Toutes les recherches qui ont été faites, en notre nom, dans divers fonds de librairie, depuis plusieurs années, sont demeurées infructueuses.

Comme le dit fort justement M. A. Delafouchardière, ancien membre du Conseil général de la Vienne, dont le concours nous a puissamment secondé dans l'étude que nous suggère la mémoire de son grand oncle et nous lui en renouvelons notre bien vive et sympathique reconnaissance : « le public adopta le travail de Gilbert, comme « ouvrage classique et pratique dans sa spécialité, et le « temps, cette épreuve infaillible de toutes choses utiles « et considérables, l'a consacré désormais, comme la « base première et le point de départ des progrès de la « science. » (1)

Aussi, pensons-nous servir puissamment la cause de l'agriculture, en produisant à la lumière l'intéressant manuscrit, dont le hasard nous a constitué l'heureux possesseur. Le sujet, qui s'y trouve traité, offre-t-il moins d'actualité qu'il y a près d'un siècle ?

En économie rurale, il sera toujours de principe que l'élève du bétail offre seule au cultivateur le moyen de s'enrichir ; que la culture des céréales, qui soulève au-

(1) Op. cit., pag. 79.

jourd'hui tant de découragement dans nos campagnes, par suite de deux années de mauvaise récolte, sera d'autant plus productive, qu'il pourra disposer d'une plus grande masse de fumiers.

Mais, avant de réunir dans sa ferme les bestiaux qui lui fourniront la quantité d'engrais nécessaire à son exploitation, il lui faut pourvoir à leur subsistance, en développant ses prairies artificielles et en leur consacrant, au moins, la moitié des terres qu'il fait valoir.

Ces vérités seront-elles jamais trop propagées ?

## XII

Cependant, en publiant un mémoire resté trop longtemps dans l'ombre, et dont nous reproduisons scrupuleusement le texte avec les notes qui l'accompagnent dans notre manuscrit, nous pensons, aussi, remplir un devoir envers l'illustre agronome, aujourd'hui bien oublié ! En dehors du monde savant, qui donc, dans notre population rurale, dans nos comices agricoles, connaît actuellement le nom de Gilbert, de ce vaillant zélateur, dont les sages préceptes enrichissent nos campagnes et ajoutent ainsi à l'épargne publique.

L'édition, que nous donnons du premier des trois traités, qu'il ait écrits sur la nécessité d'étendre et de développer la culture des prairies artificielles, contribuera, nous l'espérons du moins, à raviver la mémoire de l'un des bienfaiteurs de l'humanité. Cet agronome a-t-il moins fait pour l'économie rurale que Parmentier, son éminent collègue à l'Institut ? La même gloire doit leur assurer une égale immortalité !

## XIII

Gilbert a enrichi la science de divers ouvrages (1). C'était un littérateur d'un grand mérite, que rehaussait encore une extrême modestie. Tous ses biographes rendent hommage non-seulement à son érudition, mais aussi à la pureté et à l'élégance de son style. D'après Silvestre, il avait une éloquence attachante et persuasive, qui naissait de l'extrême sensibilité de son cœur. C'est à l'étude des classiques latins qu'il s'était formé ; il savait Virgile par cœur et ne possédait pas moins les géoponiques de l'ancienne Rome, comme le témoignent ses nombreuses citations.

Suivant M. Lasteyrie (2), il était passionné pour le bien public, avec ce noble désintéressement, qui est la marque distinctive des âmes fortes et généreuses, et il ne cessa pendant toute sa vie de travailler et de s'intéresser pour tout ce qui pouvait tendre à ce but .

(1) Voir, à la fin, la liste de ses principales publications.

(2) Biographie universelle de Michaud, V° Gilbert.

## XIV

Mais, ne retardons point plus longtemps le lecteur dans l'appréciation de son œuvre, et reproduisons, en terminant, les nobles pensées que Gilbert, sous une forme poëtique, qui leur donne encore plus de charme, exprime, à la fin de son mémoire couronné à Paris. Notre publication n'en sera que mieux justifiée.

« Puissent ces vastes guerets, dont la monotone et « triste nudité a si souvent affligé mes regards, les re- « créer enfin par la douce et riante verdure de mille vé- « gétaux réunis !... Cette époque fortunée, que ne m'est- « t-il permis de penser que mes vœux pourront « concourir à l'appeler parmi nous ! C'est alors que je « goûterais la jouissance la plus douce pour mon cœur ; « alors je serai assuré de la récompense, du prix, de la « couronne enfin, qui peuvent flatter le plus ma sensi- « bilité. »

Amiens, 15 Mars 1880.

CH. DUFOUR.

# ESSAI DE RÉPONSE

AUX QUESTIONS PROPOSÉES PAR L'ACADÉMIE D'AMIENS
SUR LES MOYENS D'ÉTENDRE ET DE PERFECTIONNER

## LA CULTURE DES PRAIRIES ARTIFICIELLES

### DANS LA GÉNÉRALITÉ DE PICARDIE



Quid faciat lætas segetes...

(VIRG. GEORG. Lib. 1).

Si de nombreux troupeaux sont l'âme de l'agriculture, si l'engrais qu'ils fournissent est le premier aliment des végétaux, l'agent le plus puissant de la reproduction, une vérité non moins incontestable, c'est que de riches prairies naturelles ou artificielles sont partout nécessaires à l'entretien et à l'éducation de nombreux troupeaux.

Une troisième vérité, qui ne peut pas admettre plus de contradiction que les deux premières, c'est que le défaut de prairies, de bestiaux et conséquemment d'engrais est la première cause, l'unique cause, peut-être, de l'état désastreux où se trouve notre agriculture. L'état désastreux, nous ne craignons pas que cette expression paraisse exagérée; elle ne le paraîtra pas du moins à tous ceux qui se font une idée de supériorité dans la culture des terres, qui ont vu celles de la plupart des cantons de l'Angleterre, de toute la Suisse, d'une partie de l'Allemagne et même de quelques-unes de nos provinces.

Cette triple proposition souffre-t-elle quelques exceptions? Elles sont si rares, elles tiennent à des circonstances locales, resserrées dans des bornes si étroites que le principe n'en est pas moins général.

Si, c'est dans le rapport exact des prairies et des bestiaux avec les terres cultivées en grains que réside toute la magie de l'agriculture, ce rapport, cette proposition si désirables, comment les déterminer? Comment le trouver ce point unique dans lequel en physique, comme en morale, la sagesse semble avoir placé le mieux possible, et dont on ne peut s'éloigner, sans tomber dans des écarts également dangereux. Sans doute, il doit varier dans les différents cantons; sans doute, on le chercherait en vain, si l'on était guidé dans cette recherche par le flambeau des connaissances locales. Ce n'est qu'après avoir fait tous nos efforts pour nous le procurer, ce flambeau, que nous avons essayé de répondre aux questions proposées par l'Académie d'Amiens, questions dont la solution est si bien faite pour intéresser tous les hommes qui prennent quelque part aux progrès de l'agriculture, et pourrait-il y en avoir à qui ils fussent indifférents?

## PREMIÈRE QUESTION

Quelle est ordinairement dans la Généralité de Picardie la proportion entre les terres labourables et les prés soit naturels, soit artificiels d'une même exploitation?

Il existe un moyen certain de déterminer de la manière la plus précise la proportion qui se trouve dans les exploitations de la Généralité d'Amiens entre les terres labourables et les prés, et ce moyen le voici : il consiste à faire sur toutes les exploitations de cette vaste étendue de terrain un relevé exact du nombre d'arpents de terres labourables; un second, de celles employées en prairies naturelles et artificielles, d'additionner séparément tous ces relevés partiels tant des terres quc des prés, de diviser la somme de chacune de ces additions par le nombre des fermes, c'est-à-dire des exploitations. Il est évident que l'un des quotients donnerait exactement le nombre moyen d'arpents de terre, et l'autre, celui des arpents de pré sur chaque exploitation. En comparant ensuite ces quotients, on verrait tout d'un coup dans quel rapport ils seraient l'un avec l'autre, ou ce qui est la même chose, on aurait une solution rigoureuse de la question proposée.

Mais ce moyen, qui est peut-être au pouvoir de l'administration, est absolument impraticable pour un particulier. Les relevés, dont nous venons de parler, exigent un temps considérable, de grandes dépenses, des courses longues et pénibles; ils exigeraient surtout, de la part de tous les propriétaires des terres ou des colons, une complaisance, une bonne volonté qu'on ne trouve que dans le plus petit nombre. Ce moyen est donc impraticable, mais heureusement, il n'est pas unique; il va même au-delà des vœux de l'Académie, qui ne demande point la proportion exacte des terres avec les prairies dans toutes les exploitations, mais seulement la proportion la plus ordinaire; et en effet, les conséquences, qui doivent découler de cette connaissance, nous paraissent absolument les mêmes que celles qui naîtraient d'une connaissance plus étendue, d'une solution plus rigoureuse.

Pour en approcher le plus possible, nous avons cru qu'il suffirait de prendre dans toutes les parties de la Généralité, sur un certain nombre de fermes, les relevés dont nous venons de parler et d'opérer sur ces relevés de la même manière, que s'ils s'étendaient sur la totalité des exploitations. Quoique nous nous soyons spécialement attachés à celles qui ont le plus d'étendue, nous avons cru que pour avoir un produit moyen, autant exact qu'il est possible, il fallait aussi comprendre dans notre examen un certain nombre de celles qui étaient bornées, ayant reconnu que les prairies et les bestiaux y étaient généralement dans un rapport plus grand avec les terres labourables que dans les domaines plus considérables. Un coup d'œil, jeté sur le tableau que nous joignons ici, fera mieux connaître que toutes les explications, la marche que nous avons cru devoir suivre pour arriver à la solution de la question proposée. Si cette marche est sûre, comme il nous semble qu'elle doit le paraître, il est évident que les prairies tant naturelles qu'artificielles des exploitations de la Généralité d'Amiens sont avec les terres labourables dans le rapport moyen de 1 à 8.

Quoique nous ayons éprouvé de très-grandes difficultés pour nous procurer les détails, qui forment la base de notre calcul, et qu'un grand nombre de propriétaires et de fermiers se soient refusés à satisfaire notre curiosité, quelque délicatesse, quelque adresse même que nous ayons mises dans la manière de leur proposer nos questions, nous sommes parvenus cependant à rassembler un beaucoup plus grand nombre de relevés que nous n'en plaçons ici. Mais, après avoir opéré sur leur totalité, nous nous sommes assurés que les résultats étaient entièrement semblables à ceux qu'on trouvera dans le tableau, ce qui nous a déterminés à ne pas le charger d'une complication fatigante, à ne pas lui donner une étendue au moins inutile, puisque l'inconnue vers laquelle tendaient nos recherches ou, ce qui revient au même, la proportion cherchée entre les herbages et les terres labourables était absolument la même dans l'un et l'autre calcul.

### DEUXIÈME QUESTION

**Cette proportion des prés avec les terres labourables est-elle suffisante ? Ne serait-il pas avantageux qu'elle fut plus grande ?**

Il nous paraît, en général, extrêmement difficile de déterminer précisément quel doit être ce rapport dans les exploitations: il semble qu'il doive varier en raison d'une infinité de circonstances locales; il doit être réglé sans doute sur le nombre de bestiaux qu'on a à nourrir. Mais ce nombre doit être subordonné au besoin qu'on a d'engrais, et ce besoin l'est lui-même à la qualité plus ou moins bonne des terres et aux ressources plus ou moins abondantes qu'offre le local pour les amender.

Si, sur cette question, l'on ouvre les auteurs qui l'ont traitée, on ne trouve qu'opposition de sentiments et qu'incertitude. Les uns, uniquement attachés à la culture des grains, voudraient que toutes les terres leur fussent consacrées, et regardent comme inutiles toutes celles auxquelles on donne un autre emploi, oubliant que l'abondance des productions est bien moins en raison de l'étendue des terres cultivées que de la bonté de leur culture (1) et qu'il ne peut y en avoir de bonnes, sans bestiaux; ils resserrent ces dernières dans les bornes les plus étroites.

D'autres, emportés dans un excès opposé, ne veulent que des prairies naturelles ou artificielles ; ils leur prêtent la propriété de féconder la terre si puissamment, qu'une petite étendue de ces prairies défrichées leur paraît suffi-

(1)..... Laudato ingentia rura;
Exiguum colito..... Virg. Georg. Lib. II.

(Vante, si tu le veux, les vastes domaines; contente-toi d'en cultiver un petit). Traduction de Félix Lemaistre.

sante pour fournir tout le grain nécessaire à la nourriture de l'homme (1). Quelques-uns, moins enthousiastes et plus amis de la vérité, ont fixé au tiers (2), au quart (3) de l'exploitation l'étendue des prairies artificielles. Aucun, à ce qu'il nous semble, n'a donné les raisons de sa détermination ; aucun n'a prouvé que la fixation qu'il établissait était réellement plus avantageuse que celles, établies avant lui. D'ailleurs, nous l'avons déjà dit, cette fixation ne peut jamais être la même dans tous les cantons ; mais la manie de presque tous les écrivains agronomes est de tout généraliser, et ce n'est pas une des moindres causes du peu de succès de cette série de volumes, écrits sur l'agriculture.

Pour déterminer quelle doit être cette proportion dans la Généralité d'Amiens, voici comment nous avons raisonné.

Les prairies, tant naturelles qu'artificielles, étant destinées à nourrir les bestiaux qui se trouvent sur chaque exploitation, la principale utilité de ces bestiaux se tirant elle même des engrais qu'ils fournissent pour l'amendement des terres, la proportion trouvée entr'elles et les prairies sera dans le rapport désirable, si les bestiaux de chaque exploitation sont assez nombreux, s'ils sont bien nourris, s'ils fournissent tout l'engrais nécessaire pour entretenir la fertilité de ces terres, et vice-versâ.

(1) Voyez un tableau de distribution d'une ferme, publié l'année dernière par M. Rey de Planazu. Les prairies artificielles y occupent les neuf douzièmes du terrain.

(2) Patulo, Amélioration des terres.

(3) Traité des prairies artificielles par M. de l'Etang.

Mais, comment trouver la proportion qui existe dans la Généralité d'Amiens entre les bestiaux, les prés et les terres labourables? Par la même règle, par la même méthode dont nous nous sommes déjà servis, pour trouver le rapport des terres avec les prés. Nous avons fait sur les mêmes exploitations le relevé des bestiaux qu'on y nourrit, et comme ces bestiaux sont de diverses espèces, qu'ils n'ont ni la même taille, ni la même constitution, que leur consommation en fourrage est aussi différente que leur produit en engrais, pour établir entre eux une sorte de compensation, nous avons pris le parti de les ranger tous sous une dénomination commune. Cette dénomination est celle de *tête*. C'est en Angleterre que cette compensation a d'abord été imaginée, et c'est d'après les agronomes de cette nation que dans notre calcul, un cheval, un bœuf, une vache forment chacun une tête, à laquelle équivalent aussi trois veaux, un ou trois cochons, six brebis (1).

Cette réduction faite, nous avons additionné toutes les têtes de bétail, qui se sont trouvées sur la totalité des exploitations dont nous avons fait le dépouillement, et en divisant la somme, d'abord par celle de tous les arpens de terre labourables, et ensuite par celle des terres en herbage, le premier quotient nous a donné le rapport des

(1) M. Patulo (Amélioration des terres) ne donne que quatre moutons pour l'équivalent d'un bœuf; mais cette évaluation est évidemment trop faible. Un bœuf de taille ordinaire mange de 90 à 100 livres de fourrage vert, ou 25 livres de sec. Le mouton de taille ordinaire se nourrit avec huit livres d'herbes ou deux livres de foin, d'après M. Daubenton et d'après l'expérience. (Voyez Instruction pour les bergers). Il faudrait donc 12 moutons pour balancer un bœuf. Mais l'engrais du mouton étant beaucoup plus actif et contenant en outre plus de parties fécondantes, le nombre six, déterminé par les Anglais, nous paraît plus près de la vérité.

bestiaux avec les terres, et le second, ce même rapport avec les prés; et ces rapports, comme on le verra dans le tableau, se sont trouvés le premier de 1 à 5 1/2 ou d'une tête par 5 1/2 arpents de terre et le second de 1 1/2 ou d'une tête 1/2 par arpent de pré.

Il ne nous restait plus, pour arriver à la solution de la question proposée, c'est-à-dire pour déterminer si la proportion que nous avions trouvée entre les prés et les terres labourables était suffisante, il ne nous restait plus qu'à examiner, si le double rapport que nous venions d'assigner entre les bestiaux, les terres et les prés, était celui qui convenait le mieux à l'état actuel de l'agriculture dans la Généralité d'Amiens.

Pour procéder avec plus d'ordre à cet examen et déterminer plus clairement les conséquences qui doivent en résulter, nous nous sommes d'abord attachés au rapport des bestiaux avec les prés, et afin de pouvoir l'apprécier, nous avons calculé :

1° La consommation ordinaire en fourrage d'une tête de bétail, abstraction faite des pailles, des grains et de tous les autres aliments solides, qui entrent dans le régime des animaux et qui ne peuvent être regardés comme le produit des prairies naturelles ou artificielles. Cette consommation s'est trouvée de 3936 livres.

2° Le produit moyen annuel d'un arpent de prairie tant naturelle qu'artificielle, que pour la facilité de la démonstration nous avons supposé égal, quoiqu'il existe réellement quelques différences tant entre les prairies naturelles et les artificielles, qu'entre le produit des plantes diverses dont les dernières sont composées, différences bien moins importantes cependant dans la Généralité d'Amiens que dans toutes celles où nous avons vu fleurir la culture des prairies artificielles (1), ce qui justifie suffisamment la compensation que nous avons cru devoir faire. Pour que cette unité de produit ne fut pas purement fictive et idéale, nous avons relevé sur un grand nombre d'exploitations et toujours dans tous les points de la Généralité le produit d'un arpent de pré, de trèfle, de luzerne, de sainfoin et de vesce, bisaille, hivernage, qui sont les seules plantes cultivées en grand, en prairies artificielles dans toute la Généralité. En additionnant ensuite tous les produits de chaque plante, et les divisant par le nombre des arpents, nous avons trouvé pour produit moyen

d'un arpent de pré naturel . . . . . . . . 2,328 livres
— de luzerne. . . . . . . . . . . 3,846
— de trèfle. . . . . . . . . . . 3,391
— de sainfoin. . . . . . . . . . 2,580
— de vesce, bisaille, etc. . . . . 1,780

Additionnant ces cinq sommes et divisant la totalité par leur nombre, nous avons trouvé pour produit moyen d'un arpent d'herbage, en général, 2,785 livres de fourrage sec. Multipliant ensuite le nombre de têtes de bétail que nous avons déterminé pour chaque exploitation ou 68 par 3,936 rations de chacune d'elles, nous avons eu pour produit 267,648 qui, divisé par 2,785 produit d'un arpent, a donné 96, nombre total des arpents de prés, nécessaires pour nourrir tous les bestiaux, ou ce qui revient au même, proportion exacte qui doit se trouver entre les bestiaux et les prés actuellement existants. Or, en la comparant, cette proportion avec celle qui existe réellement, ou 45, nous

(1) L'espèce de plante dont la culture de prairie artificielle est la plus étendue dans toute la Généralité d'Amiens que nous avons parcourue..... c'est sans contredit le sainfoin ; il ne donne jamais qu'une coupe . . . . .

*Le surplus de la note est illisible dans le manuscrit.*

trouvons qu'il s'en faut de 51 arpents que les prairies ne soient assez étendues pour nourrir tous les bestiaux.

Cette donnée une fois acquise, il ne nous restait plus, pour arriver à la solution désirée, qu'à rechercher si ces bestiaux, trop nombreux pour ces prairies, ne l'étaient pas trop peu pour le besoin des terres. Or, trois choses étaient à connaître pour ne point s'égarer dans cette recherche :

1° Le produit des engrais d'une tête de bétail,

2° La quantité d'engrais nécessaire pour entretenir la fécondité d'un arpent de terre,

3° La durée de ces engrais.

Il est aisé de sentir que la quantité d'engrais, que fait par année chaque tête de bétail, doit varier en raison de la nourriture et des litières qu'on lui fournit. Pour avoir donc une fixation aussi exacte qu'il était possible de le désirer, nous avons encore eu recours au même procédé que dans nos autres recherches. Nous avons pris, dans toutes les parties de la Généralité, des informations sur le produit annuel en engrais d'un grand animal, et nous avons cherché le produit moyen résultant de la division de la totalité de ces produits particuliers par leur nombre, et ce produit moyen s'est trouvé de six charretées, pesant chacune 5,000 livres ou de 30,000 livres (1).

(1) On ne peut nous objecter que l'engrais a un poids bien différent, selon les divers états où il se trouve, qu'il pèse plus en crottin pur que lorsqu'il est mêlé avec beaucoup de paille ; qu'il pèse d'autant plus encore qu'il est plus consommé, plus près de sa conversion en terreau ; que son poids varie aussi en raison de plus ou moins d'humidité qu'il contient. Nous convenons de la force de cette objection, mais nous l'avons prévue en pesant l'engrais dans divers états, et en prenant le poids moyen. Or, le poids d'une charretée de fumiers à trois chevaux, mêlés à beaucoup de pailles, est de 4,000 livres à peu près et celui d'une charretée de terreau de 6,000 livres. Nous avons cru que nous ne nous écarterions pas de la vérité, en prenant 5,000 livres comme poids d'une charretée d'engrais.

Les Romains, dont l'agriculture paraîtra toujours si supérieure à la nôtre à tous ceux qui ont quelques connaissances sur la culture des terres, les Romains avaient senti toute l'importance de cette fixation de la quantité d'engrais fournie par chaque tête de bétail, et rien ne prouve mieux, selon nous, la supériorité dont nous venons de parler, que la différence prodigieuse qui se trouve entre cette fixation et celle que nous venons de trouver.

Columelle accuse de paresse et de négligence les cultivateurs, dont chaque tête de menu bétail donne moins d'une voiture de fumier par mois, et chaque tête de grand bétail, moins de 10 (1). On retrouve aussi le même calcul dans Pline (2), qui assure de la manière la plus positive, que lorsque chaque tête de bétail donne moins d'engrais, on ne doit accuser que le laboureur, qui a trop économisé les litières.

La voiture ou la mesure que Columelle et Pline désignent sous le nom de *vehes* contenait, selon le premier, 80 boisseaux romains (3) et le boisseau romain, au rapport de Festus, contenait 16 septiers dont chacun répondait au

(1) Parum autem diligentes existimo esse agricolas, apud quos minores singulæ pecudes tricenis diebus minus quam singulas itemque majores denas vehes stercoris efficiunt. Colum. Lib. II. Cap. XIV.

(Je regarde comme de mauvais cultivateurs tous ceux qui ne tirent pas par mois une charretée de fumier de chaque espèce de petit bétail, dix charretées du gros). Traduction de Nisard.

(2) Justum est singulas vehes fimi denario ire, in singulas pecudes minores; in majores, denas : nisi contingat hoc, male substravisse pecori colonum appareat. Plin. Lib. XVIII. Cap. XXIII.

(J'observerai que le fumier du menu bétail vaut un denier la voiture, et que dix voitures de fumier de gros bétail ne valent pas davantage. S'il en est autrement, c'est une preuve que le laboureur n'a pas fourni assez de litière au bétail). Traduction publiée par Panckouke.

(3) Vehes autem stercoris una habet modios octoginta. Colum. Lib. XI. Cap. II.

iron de Paris, qui a été fixé par l'ordonnance de 1669 à pouces 1/2 de haut sur 3 pouces 10 lignes de large et qui est aussi précisément le 16me du boisseau de Paris.

Pour avoir donc le rapport du produit en engrais de chaque tête de bétail, chez les Romains, avec ce même produit en Picardie, nous avons comparé le poids d'un boisseau de fumier dans ses différents états, et nous avons trouvé que la différence était de 7 livres à 13, ce qui nous a donné 10 livres pour le poids moyen. Le *vehes*, qui en contenait 80, pesait donc 800 livres, et chaque tête de grand bétail fournissait par mois 10 *vehes* ou 8,000 livres; il est évident que le produit annuel était de 96,000 livres, produit qui excède de plus des deux tiers celui que nous avons trouvé dans la généralité d'Amiens.

Ce produit déterminé, nous avons recherché quelle était la quantité d'engrais nécessaire pour entretenir la fécondité d'un arpent de terre. Il paraissait d'abord très-difficile, impossible même de fixer cette quantité; elle doit varier, en effet, en raison de la qualité de l'engrais, de la nourriture des bestiaux qui l'ont fourni et surtout de la terre sur laquelle on l'employe (1).

(1) Nec dubium, quin aquosus ager majorem stercoris copiam, siccus minorem desideret. Alter quod assiduis humoribus rigens hoc adhibito regelatur: alter, quod per se tepens siccitatibus, hoc assumpto largiore torretur etc... Colum. Lib. II. Cap. XV.

Quo calidius solum est, eo minus addi stercoris, ratio est. Plin. Lib. XVIII. Cap. XXIII.

(Une terre aqueuse demande plus de fumier qu'un terrain sec. La première, toujours froide et mouillée, se réchauffe par l'effet de l'engrais, tandis que l'autre, déjà échauffée par elle-même à cause de sa sécheresse, finirait par se consumer, si l'on y mettait trop d'engrais). Traduction de Nisard.

(Plus un terrain est chaud par lui-même, moins il exige d'engrais). Traduction publiée par Panckouke.

En réfléchissant cependant qu'au moyen de la compensation que nous avons faite de toutes les espèces de bestiaux, l'engrais doit être regardé en quelque sorte comme homogène et d'une seule et même qualité; en considérant encore qu'il n'est point question ici d'un terrain borné qui exige telle espèce d'engrais plutôt que telle autre, mais d'une très vaste étendue de terre dont les qualités sont très-variées, mais d'une province entière, cette fixation ne paraîtra plus aussi difficile.

Nous ne répéterons plus que pour la déterminer, nous avons porté nos regards sur toutes les parties de la Généralité, et que nous nous sommes toujours attachés à la recherche de la moyenne proportionnelle ; c'est la marche que nous avons suivie dans tous nos calculs, et c'est là seule, à ce qu'il nous semble, qui puisse conduire à la vérité. Nous avons trouvé, comme on le verra dans le tableau, qu'il faut à peu près 7 voitures de fumier ou 35,000 livres pour engraisser convenablement un arpent, que nous supposons toujours de 48,400 pieds carrés, mesure à laquelle nous avons réduit toutes les autres.

Il n'existe pas entre cette quantité et celle qu'emploient les anciens la même différence que dans le produit en engrais de chaque tête de bétail, et cela doit être; toutes les fois qu'il sera question de l'engrais nécessaire à chaque arpent d'une vaste étendue de terrain, la quantité sera à peu près la même.

Il faut, selon Columelle, pour engraisser un *jugerum* (28,400 pieds carrés) de 22 à 24 voitures de fumier. En prenant 23 pour terme moyen, c'est pour un *jugerum* 18,400, et comme le *jugerum* n'a qu'un peu plus de la moitié de l'étendue de l'arpent de Roi, et que 18,400 n'est aussi qu'un peu plus de la moitié de 35,000 on voit paraître une égalité presque parfaite entre ces deux rapports, ce qui confirme l'exactitude de celui que nous avons trouvé en Picardie.

Le produit en engrais de chaque tête de bétail et la quantité d'engrais, qui doit être employée sur un arpent une fois connus, rien n'était plus facile que de déterminer la quantité de bestiaux, qui doit exister dans chaque exploitation. Il est évident que c'est une tête et un cinquième de tête par arpent, puisque l'engrais fourni par chaque tête est à l'engrais nécessaire pour chaque arpent dans le rapport de 30,000 à 35,000.

Mais, dans cette évaluation, l'engrais est supposé ne durer qu'une seule année, et comme il en dure réellement plusieurs, il s'en suit qu'elle est évidemment trop forte et qu'il est nécessaire, pour la réduire, de chercher quelle est la durée réelle de l'engrais animal.

Si, sur cette question, nous ne consultons que nos usages, nous serions obligés d'attribuer à l'effet de l'engrais une durée de neuf années. Les baux n'obligent les fermiers à fumer que le tiers de leur sole. Un fermier, entrant dans une ferme de 150 arpents à la sole, n'a aucune action à intenter contre le fermier sortant, qui lui laisse assez d'engrais pour fumer 50 arpents de terre. Voilà la règle, mais n'est-elle pas établie sur la pénurie même des engrais, sur le peu de ressource qu'on a pour en faire? Il n'en faut pas douter; quoique les terres ne soient réellement fumées que tous les neuf ans, ce serait une erreur bien grande que d'attribuer au fumier un effet aussi long. L'expérience prouve journellement le contraire. Les cultivateurs, qui passent pour savoir leur métier, fument ordinairement la moitié de leur sole, et presque tous conviennent qu'ils doubleraient leurs productions, s'ils pouvaient la fumer tout entière. Nous avons constamment remarqué qu'une terre qui, après avoir été fumée, avait donné trois récoltes, n'était plus propre à en donner de nouvelles, à moins qu'elle ne fut très fertile par elle-même, et cette sorte de terre n'est nulle part la plus commune, et surtout en Picardie. C'est ce qui oblige les cultivateurs à laisser leurs terres en jachère, afin de les exposer aux influences de l'atmosphère et de suppléer par l'engrais météorique au défaut de l'engrais animal. On ne doit donc attribuer à cet engrais qu'une durée de trois années.

Les *une tête et un cinquième de tête*, que nous avions d'abord assignés pour donner l'engrais d'un arpent, donneront donc par année celui de trois, et par conséquent les bestiaux et les arpents de terre seront dans le rapport de $1 + 1/5$ à 3.

Jusqu'ici, nous avons supposé que la province, pour laquelle nous faisions nos calculs, n'avait point d'autres ressources, pour alimenter les terres que l'engrais animal, mais cette hypothèse ne peut convenir à la Picardie, qui se trouve au contraire dans une position bien plus favorable que la plupart de nos autres provinces.

Ses cendres de tourbes, ses houilles, ses marnes, ses craies forment une masse d'engrais très importante et qui doit suppléer une grande quantité de fumiers. Quoique ces ressources ne soient pas tout à fait négligées, on ne peut voir cependant, sans regret, qu'on n'en fasse pas un usage plus étendu. Des préjugés absurdes ont fait prohiber la marne dans plusieurs cantons, la marne, cet engrais si puissant qui, employé par des mains habiles, produit des effets si prodigieux et de si longue durée, cet engrais, enfin, dont les propriétés merveilleuses étaient tant estimées et si bien connues des anciens (1).

On trouve dans les baux de plusieurs cantons de la Généralité d'Amiens cette clause, *sans qu'il soit permis de marner ni désoler*. Il est vrai qu'elle n'est assez souvent que de forme, mais quelquefois aussi on craint de l'enfreindre, et dans tous les cas, les propriétaires ont le droit absurde et bien plus nuisible encore à eux-mêmes qu'à leurs fermiers d'exiger qu'ils s'y conforment. On ne tire pas non plus des tourbières tout l'avantage, à beaucoup près, qu'elles semblent présenter. Les cendres si précieuses dont il est si important de favoriser, d'étendre l'emploi, on les a discréditées jusqu'à un certain point par les droits qu'on a mis à leur sortie d'Amiens. Le cultivateur

(1) Alia est ratio quam Britannia et Gallia invenere alendi eam ipsa : quod genus vocant margam. Spissior ubertas in ea intelligitur. Est autem quidam terræ adeps, ac velut glaudia in corporibus, ibi densante se pinguitudinis nucleo (Plin. Lib. XVII. Cap. III).

(Une autre méthode est usitée en Bretagne et en Gaule ; elle consiste à engraisser la terre avec la terre même : cette dernière s'appelle marne, et passe pour renfermer plus de principes fécondants ; c'est une espèce de graisse de la terre qui, en s'épaississant, forme comme un noyau analogue aux glandes qu'on voit dans le corps des animaux). Traduction publiée par Panckouke.

Non omisere et hoc Græci : quid enim intentatum illis ? Leucargillon vocant candidam argillam, qua in megarico agro utuntur. Sed tantum in humida frigidaque terra..... Est enim alba, rufa, columbina, argilacea, tofacea, arenacea... Utrumque hoc genus semel injectum in quinquaginta annos valet, et frugum et pabuli ubertate. Plin. Lib. XVII. Cap. IV.

(Les Grecs n'ont pas manqué de parler de ce moyen ; car de quoi n'ont-ils point parlé ? Le leucargile est chez eux le nom d'une argile blanche, employée dans les plaines de Mégare, mais seulement pour les terres humides et froides... On distingue la blanche, la rousse, la colombine, l'argileuse, la tofacée, la sablonneuse... Une terre ainsi engraissée l'est pour 50 ans, et elle donne en abondance des grains et du fourrage). Traduction publiée par Panckouke.

2

s'est accoutumé à s'en passer, à chercher d'autres ressources bien moins sûres, moins économiques (1).

Toute la Picardie nous a paru composée de deux sortes de terre qui s'accompagnent presque partout et entre lesquelles la nature semble avoir tracé la ligne de démarcation la plus saillante. Ces terres sont les marais tourbeux et les craies qui s'élèvent en côtes ou en plaines hautes. L'une ou l'autre de ces terres traverse toute la Picardie dans sa plus grande longueur, ne sont interrompues que par la mer et reparaissent encore au-delà. Aussi différentes par leurs qualités, qu'elles le sont par leur couleur, ne semble-t-il pas que la nature ne les ait ainsi rapprochées que pour engager le cultivateur à les mêler et à corriger par ce mélange les vices, qui s'opposent à leur fertilité.

Il ne faut, pour se convaincre de la justesse de cette conjecture ou plutôt de cette opinion, que réfléchir :

1° Sur la marche ordinaire de la nature, qui, presque toujours, place le remède à côté du mal ;

2° Sur le caractère particulier de ces deux terres dont l'une contient, avec excès précisément, ce qui manque à l'autre, et manque de ce dont elle abonde ;

3° Sur un assez grand nombre de faits, qui prouvent que la tourbe, et surtout celle connue sous le nom de *terreuse*, porte la fécondité dans des craies qui étaient ou infertiles ou au moins très pauvres.

Nous n'avons point vu qu'on employât en Picardie la craie pour fertiliser les marais tourbeux, mais tout nous porte à croire que cet engrais leur serait le plus convenable. Tout le monde connaît, et en Picardie surtout, les

(1) On a senti le tort que ces droits faisaient à l'agriculture; on les a supprimés depuis quelque temps, mais combien il eut été à désirer qu'ils n'eussent jamais existé.

excellents effets de la craie sur toutes les terres humides, et cette humidité est sans doute, quoiqu'on en dise, sinon la cause unique, du moins la cause principale de l'infécondité des marais que des naturalistes, des chimistes de réputation ont attribuée au vitriol, au soufre, au fer, substances qu'on peut regarder au contraire, dans un grand nombre de cas, comme les agents les plus puissants de la végétation.

Pour s'assurer qu'elles ne méritent pas le reproche, qu'on leur fait, de rendre des marais inféconds, il ne faut que jeter un coup d'œil sur la fertilité prodigieuse de ceux qu'on a desséchés; il ne faut que considérer les produits énormes de ceux dont la plus grande partie d'Amiens est environnée (1).

Les terres ne sont infertiles, en effet, que lorsqu'elles manquent d'humus, qui n'est que le détritus des végétaux.

(1) C'est un spectacle très-curieux et dont l'habitude seule d'en jouir peut effacer l'intérêt, que celui des potagers d'Amiens connus sous le nom très-impropre de *Voirie*. Il n'en est pas ainsi du nom d'hortillons, donné aux jardiniers qui les cultivent; il leur convient bien mieux que celui de maraîchers sous lequel on désigne les jardiniers de Paris; et d'ailleurs ces potagers, que la Somme divise dans leur longueur et qu'elle subdivise ensuite en une infinité de carrés d'un, de deux, de trois et quelquefois quatre journaux, offrent partout des prodiges de végétation. On ne voit point ailleurs de plus beaux légumes, de pépinières dont les arbres soient plus vigoureux et mieux venant.

L'industrieuse activité des hortillons, qui naviguent sur les canaux séparant ces jardins, leur attention continuelle à ramener sur le sol le dépôt d'engrais sans cesse renaissant au fond de ces canaux, leurs allées, leurs venues pour emporter les légumes et rapporter des engrais, la légèreté de leurs barques, leur adresse à les conduire, le chant des oiseaux que l'on voit presque toujours dans des cages placées sur l'un des bords, tout, jusqu'aux mouvements du chien qui ne quitte presque jamais l'hortillon, donne à ce spectacle un air animé qui rappelle le séjour d'Amsterdam et de Venise. Combien de personnes se sont enthousiasmées à la vue des navigations de ces deux villes, dont elles avaient vu cent fois l'image sans la remarquer !

Or, où trouve-t-on un sol plus riche en humus que la terre des marais, qui n'est à proprement parler qu'un amas presque pur de végétaux décomposés ou prêts à l'être. Que l'on considère les terres voisines des tourbières qui participent de leur nature, mais que leur exposition met à l'abri des inondations, elles donnent toutes des récoltes extrêmement abondantes en chanvre surtout. Le blé, comme dans toutes les terres trop riches en engrais, y végète avec trop de force, est sujet à verser, à rouiller, mais ces inconvénients ne naissent, s'il est permis de le dire, que de sa trop grande bonté. On en peut voir un exemple frappant auprès du village de Belloy, à trois ou quatre lieues nord d'Amiens.

Tous les cultivateurs de la Picardie connaissent aujourd'hui les effets puissamment fécondants de la cendre de tourbe dont, cependant, ils font un usage beaucoup trop borné, mais il n'a pas été à notre pouvoir de les persuader que la tourbe elle-même, employée crue, peut devenir un engrais. Tous, pour nous convaincre de notre erreur, nous ont montré les tourbières qui ne produisaient que des plantes aigres, de mauvaise nature ou qui ne produisaient rien, ou presque rien du tout, comme si l'on pouvait ignorer que les meilleurs engrais sont presque toujours infertiles par eux-mêmes; telles sont les craies, les marnes, la chaux, le sel marin, lui-même, qui favorise si puissamment la végétation sur les terrains conquis sur la mer et dont pourtant on couvrait autrefois le sol des villes détruites, pour empêcher l'herbe d'y croître. Pour être assuré que la tourbe doit former un engrais excellent et bien supérieur à la cendre elle-même, il suffit de se rappeler qu'elle contient les mêmes sels, et qu'elle a de plus des principes huileux qui se dissipent dans la combustion dont ils sont l'aliment, et que ces principes huileux, d'après l'opinion de ceux qui se sont le plus livrés à l'étude de la nature des engrais, favorisent singulièrement la végétation.

Comme il n'est rien, au reste, qui soit absolu dans la nature, c'est à l'expérience à déterminer les cas où l'une de ces deux substances est préférable à l'autre. Elle a déjà démontré, cette expérience, que la tourbe pure ne produisait aucun effet avantageux sur les prés marécageux, tandis que sa cendre en détruisait les mousses et favorisait la végétation de bonnes plantes.

Il ne faut pas une connaissance bien étendue de la manière d'agir des engrais, et de la nature des terres, pour pressentir quelles doivent être celles sur lesquelles le même procédé produirait un effet diamétralement contraire.

Nous terminerons cet article sur l'étendue qu'on pourrait, qu'on devrait donner à l'emploi des tourbes en assurant, d'après des renseignements certains, qu'en Hollande, on emploie la tourbe crue, en la mêlant avec les fumiers ordinaires.

La Généralité d'Amiens possède encore dans son sein un autre dépôt d'engrais aussi abondant, aussi utile peut-être que la tourbe, et qui, comme elle, tend à rendre dans cette province les engrais moins nécessaires; il est aussi, comme elle, beaucoup trop négligé, surtout depuis quelques années. On sent bien que c'est de la houille, que nous voulons parler, connue, plus généralement dans toute la Picardie, sous le nom de *cendre noire* ou de *cendre rouge*. La première est la houille, elle-même, réduite en poudre; la seconde, la houille, réduite en cendre.

Cet engrais, connu de temps immémorial en Hollande

et en Flandre, n'a été découvert en Picardie que vers le milieu de ce siècle. L'espèce de discrédit, où il paraît tombé aujourd'hui, joint aux reproches que lui ont fait des chimistes non éclairés (1) semble être un préjugé peu favorable de sa bonté. En examinant cependant ces reproches, avec toute l'attention que nous a semblé mériter une substance, qui avait d'abord paru produire des effets si précieux, nous nous sommes convaincus que ces reproches n'étaient pas fondés et qu'on avait attribué à la houille des effets ou qu'elle ne pouvait produire, ou dont les causes absolument différentes se présentaient aux yeux, pour peu qu'on voulut les ouvrir.

On lui a reproché de tenir les grains trop longtemps verts, cela peut être : nous ne sommes même pas éloignés de le croire, car nous avons constamment remarqué cette propriété dans tous les engrais très-riches. Il n'en est pas ainsi du mauvais goût, qu'on assure qu'elle communique aux plantes, des maladies psoriques et épizootiques dont on leur attribue la cause, des exhalaisons vitrioliques, sulfureuses, etc., dont on les accuse de vicier l'air, et de bien d'autres objections semblables, que nous avons entendu faire contre l'usage de ces cendres. Nous n'avons point vu que les bestiaux fissent moins de cas des fourrages, crus sur des terrains houillés, que sur ceux qui ne l'étaient pas. Nous n'avons point vu qu'ils fissent sur notre odorat aucune impression différente ; nous n'avons point vu que les accidents reprochés à la houille fussent particuliers aux terrains dans lesquels on l'employe ou qu'ils y fussent plus communs.

Quelques observateurs nous ont même assuré avoir

(1) M. Rollin, docteur en médecine, etc.

remarqué que depuis qu'on se servait de houille, les maladies épizootiques étaient bien moins fréquentes, moins graves et moins longues, ce que pourtant nous croyons devoir attribuer bien plutôt à la facilité que donne la houille d'avoir plus d'herbages, de nourrir mieux par conséquent les animaux, qu'à une propriété particulière et spécifique de ce minéral.

Les succès merveilleux qu'ont obtenus les cultivateurs, qui l'ont employé les premiers, leur ont donné bientôt une foule d'imitateurs, mais la manière de préparer, d'employer cet engrais ne s'est pas propagée de même ; on en a abusé comme de toutes les bonnes choses : on a cru que puisqu'à telle dose, il donnait tel produit, il était tout simple qu'à une dose double, il donnerait un produit double, et on a cru raisonner trés-conséquemment.

La raison et surtout l'expérience exigeaient que cet engrais ne fut employé qu'à certaines époques de l'année et toujours par un temps humide. On a regardé cette attention comme une rêverie, une pusillanimité ; on l'a donc employé et dans tous les temps et par toutes les températures : il n'a rien produit, ou il a produit des effets dangereux. On a aimé mieux crier *haro* sur l'engrais que de s'accuser soi-même d'ignorance, d'impéritie. Voilà la cause, la cause véritable et unique du discrédit des cendres rouges (1). C'est avec le plus vif regret que nous avons vu les cendrières de Beaurin, de Roolot, de

(1) J'ai trouvé cent preuves de cette assertion. Les cultivateurs les plus instruits du Santerre m'ont confirmé les bons effets de cet engrais. MM. Bertin, père et fils, maîtres de la Poste aux chevaux de Roye et cultivateurs aussi éclairés que zélés pour les progrès de leur art, m'ont montré plusieurs sortes de productions extrêmement vigoureuses sur des terrains très variés, engraissés avec la houille, mais la houille employée dans les terres et dans les proportions les plus convenables.

Beuvren (1) et beaucoup d'autres, sinon abandonnées, au moins extrêmement négligées et réduites à un débit très-borné.

La Picardie a pour entretenir la fécondité de ses terres bien d'autres ressources encore, et plus qu'aucune autre province que nous connaissons. Ses marcs de bière sont un bon engrais et sont très-abondants. Ses manufactures y offrent des débris d'étoffes dont les effets, pour être peu connus, n'en sont pas moins puissants. Les cendres de tabac, celles des plantes marines, les cendres de lessive, quoique lavées, les fumiers de pigeon et autres volatiles, la poudrette, les suies de cheminée, les boues des rues, etc., offrent à l'agriculture des secours aussi sûrs que faciles et économiques, et nous le disons avec peine, ils les offrent souvent en vain (2).

(1) Ces noms de lieux, ainsi orthographiés dans le manuscrit, doivent désigner les deux communes de Beaurain (cantons de Noyon et de Guise), qui produisent des cendres pyriteuses: celles de Rollot (canton de Montdidier), et de Beuvraignes (canton de Roye). (Note de l'Editeur).

(2) Nous nous sommes assurés que la ville de Boulogne-sur-Mer donnait tous les ans plus de 100 louis pour faire enlever les boues de ses rues, et ses balayures sont perdues par l'agriculture. Il est vrai qu'on nous a objecté que ces immondices étaient composées, en plus grande partie, du sable de mer dont on est dans l'usage, à Boulogne, de couvrir les parquets. Mais cette objection ne nous paraît pas solide. Nous ne connaissons pas, en effet, d'engrais qui convient mieux que celui ci aux terres tenaces et argileuses, qui ne sont pas rares dans cette partie du Boulonnais et qu'on désigne sous le nom de *terres vives*. Nous en avons vu la preuve sur la concession que le gouvernement a faite à Messieurs Delporte dans la forêt de Boulogne. Nous les avons vus, aussi, acheter à vil prix des cendres de tabac que l'expérience leur a appris être un engrais de première force.

Nous avons vu à Ardres, dans le Calaisis, vendre vingt livres un tas de fumier de cheval qui contenait plus de quinze charretées; il se donnerait pour bien moins encore, si les Artésiens ne venaient de temps en temps en faire des enlèvements dans ce canton. Quel contraste entre le génie de deux peuples voisins, car les besoins sont les mêmes de part et d'autre. Des

Quelles sont presque partout les causes de la pénurie des engrais? Que l'on réfléchisse, et l'on verra qu'elle tient à la nécessité d'en employer pour en faire venir; car les bestiaux qui les fournissent ne peuvent subsister sans les herbages, et point d'herbages sans engrais. Comme toutes les autres richesses, il semble se porter par une pente facile vers les lieux où il s'en trouve déjà beaucoup, semblable aux productions qu'il fait croître; ce n'est qu'en le semant qu'on peut espérer de le multiplier. Mais cet engrais primitif, comment se le procurer? Voilà l'embarras de presque tous les cultivateurs; il est nul, il devrait du moins l'être pour le cultivateur picard qui le trouve, cet engrais, dans les tourbes, les houilles etc., qu'il a partout sous sa main, qui lui coutent fort peu de chose, qui ne lui couteraient presque rien du tout, s'il savait les employer en nature.

Ces engrais, sur lesquels nous venons de donner des détails qui nous ont écartés du calcul dans lequel nous nous étions engagés, mais que nous croyons utiles, ces engrais peuvent sans doute suppléer une assez grande quantité de fumiers; ils doivent par conséquent diminuer le nombre des bestiaux nécessaires sur chaque exploitation. Comme ils favorisent spécialement la végétation des herbages naturels et artificiels, qu'ils sont beaucoup moins employés sur les terres à grains, les seules sur

deux côtés, on cultive beaucoup de lin qui, comme on sait, a la funeste propriété d'épuiser la terre:

Urit enim lini campum seges... (Le lin brûle la terre). Virg. Georg. lib. 1).

Il n'y a pas très-longtemps que les immondices de la ville d'Amiens et les vidanges des latrines étaient jetées dans la Somme; on les vend aujourd'hui aux hortillons sur le pied de six livres le bateau qui contient 15 tombereaux de quatre pieds de long sur 2 pieds 1/2 de large et 18 pouces de haut. Puisse cet exemple être bientôt imité par les villes de la Picardie!

l'étendue desquelles nous ayons réglé la quantité d'engrais nécessaire sur chaque domaine, nous avons cru approcher de la vérité en retranchant le 5$^{e}$ de tête de bétail qui joint à une tête entière donne, comme nous l'avons dit, l'engrais annuel de trois arpents, d'où il résulte que la vraie proportion qui doit se trouver entre les bestiaux et les terres dans toute l'étendue de la Généralité est de 1/3 de tête par chaque arpent composant la totalité des terres labourables de chaque exploitation (1).

En comparant maintenant ce rapport, qui doit exister entre les bestiaux et les terres, avec celui qui existe réellement en Picardie, nous voyons qu'il s'en faut de près de la moitié, que cette province n'ait le nombre de bestiaux proportionné au besoin de ses terres, et comme nous avons prouvé encore que ces bestiaux étaient cependant trop nombreux, relativement à l'étendue d'arpents de prairies tant naturelles qu'artificielles consacrées à leur nourriture, il s'en suit tout naturellement que ces prairies sont trop bornées, et qu'il serait très avantageux de les étendre dans chaque expolitation.

(1) Les Ephémérides du Citoyen pour l'année 1771 offrent l'exposition d'une méthode, qui a rétabli l'agriculture dans le village de Dietlinger, dépendant des états du Margrave de Biden Dourlack, par laquelle il paraît qu'on regarde, comme très essentiel, que le nombre des grands bestiaux soit au nombre des arpents de terre dans le rapport d'un à deux. Le terrain de ce canton que nous avons vu et étudié, étant assez maigre et dépourvu des ressources dont abonde la Picardie, ce rapport nous paraît se rapprocher infiniment de celui que nous venons de déterminer.

## TROISIÈME QUESTION

### Quels en seraient les avantages ?

Ils seraient très nombreux, et il est facile de les pressentir, d'après les détails dans lesquels nous sommes déjà entrés.

Tout le monde sait que les productions céréales ont la funeste propriété d'épuiser en peu de temps les sols les plus fertiles et qu'ils seraient bientôt frappés de stérilité, si on ne leur rendait et par des engrais et par du repos les principes qu'ils ont perdus. Il est un troisième moyen d'en entretenir la fécondité, et il a sur les deux autres un avantage bien précieux, celui de féconder la terre, lors même qu'il lui fait produire les plus abondantes récoltes. Il consiste, ce moyen bien connu et depuis très longtemps (1), mais malheureusement tombé presque en désuétude parmi nous, il consiste à alterner les semences qu'on confie à la terre, à y faire succéder sans cesse des végétaux, qui ayent une manière différente de se nourrir; — ceux dont les racines s'enfoncent et vont chercher leur nourriture dans les couches inférieures à ceux dont les racines en épuisent les couches superficielles; — ceux qui recouvrent le sol exactement, y concentrent l'humidité et

(1) Si fuerit illa terra, quam appellavimus teneram, poterit sublato hordeo, milium seri: eo condito, rapa: his sublatis, hordeum vel triticum... Satisque talis terra aratur, quam seritur... Nimis pinguis alternari potest ita, si frumento sublato legumen tertio seratur. Plin. Lib. XVIII. Cap. X.

(Si la terre est de celles que nous avons appelées tendres, on pourra, après la récolte de l'orge, y semer du millet; après la récolte du millet, y semer des raves, et après celles-ci, de l'orge ou du triticum... Il suffira de labourer une pareille terre, avant les semailles... Lorsqu'une terre est trop grasse, on peut lui faire donner plusieurs récoltes, en y semant trois fois de suite des légumes, après qu'elle a donné du froment). Traduction publiée par Panckouke.

les sucs nourriciers à ceux qui, laissant entre leurs tiges un grand intervalle, permettent l'évaporation de ces mêmes principes; — ceux qui tirent leur principal aliment de l'atmosphère, à ceux qui le trouvent dans la terre, etc.

Or, la plupart des plantes, propres à former des herbages, sont précisément celles qui, par leur manière de se nourrir et de végéter, peuvent occuper avec le plus d'avantage les terres altérées par les récoltes en grains. Tandis que leurs racines brisent, atténuent, tamisent en quelque sorte les particules terreuses des lits inférieurs dans lesquels elles pénètrent à une très grande profondeur, leurs feuilles, leurs tiges soutirent de l'atmosphère et déposent à la surface du sol l'engrais météorique qui le féconde et le dispose à la production des céréales. Les plantes, dont sont formées les prairies artificielles, offrent peut-être le seul moyen qui existe de ramener l'engrais, lequel, lavé par les pluies, a été entraîné dans le sein de la terre, et l'on ne peut nier qu'une très grande partie ne suive cette route.

Il n'est pas un agriculteur, qui ne sache combien sont fertiles, en général, tous les terrains nouvellement défrichés; le plus grand inconvénient qu'ils présentent, c'est même de l'être trop. Il faut les épuiser par des récoltes d'avoine, avant de les employer en blé, qui, y végétant avec trop de force, contracterait une sorte d'état pléthorique, lequel nuirait beaucoup à la formation et à la multiplication du grain.

L'expérience a prouvé que le lin, dont la végétation exige un sol très riche et dont les molécules sont extrêmement divisées, croît avec beaucoup de force sur les herbages défrichés, lorsqu'on leur donne les façons convenables. L'extension des herbages est peut-être le moyen le plus sûr de relever en Picardie la culture de cette plante filamenteuse, qui semble de jour en jour se renfermer dans des bornes plus étroites, au grand détriment de cette province.

Nous dirons la même chose du chanvre: il réussit très bien dans les défrichés, et sa culture s'étendra dans la même proportion que celle des herbages. Voilà sans doute des avantages bien précieux, mais ils disparaissent en quelque sorte devant ceux dont il nous reste à parler. En attendant les prairies, on augmentera le nombre des bestiaux, par une suite nécessaire la masse des engrais, et avec des engrais, on a de tout, moissons abondantes, fourrages de toute espèce, aisance d'abord, richesses ensuite. Les plus mauvais sols se couvrent de végétaux, les médiocres deviennent bons, et les bons, excellents (1).

Avec des engrais, on n'a plus besoin de commune, de vaine pature; on les défriche, on en retire d'abondantes récoltes (2). Avec des engrais, on n'a plus besoin de laisser *reposer* les terres, expression impropre et qui ne signifie

(1) Pour se convaincre de l'exactitude de cette assertion, il suffit de jeter un coup d'œil sur toutes les terres qui avoisinent les villes et surtout les grandes villes; il est bien rare d'en trouver de mauvaises. Celles des environs de Paris en offrent un exemple bien frappant. Elles sont presque toutes sablonneuses et naturellement maigres. On parvient, à l'aide des engrais, à leur faire produire des végétaux de toute espèce, et ils y acquièrent un volume considérable.

(2) On a dit, et on ne cesse de répéter, qu'on a fait un grand mal en défrichant les communes, que c'est faire le plus grand tort à l'agriculture que de vouloir étendre son domaine; on l'a dit et on a eu raison. Mais pourquoi a-t-on eu raison? c'est que les défricheurs des communes n'ont point donné à ces terres la véritable destination qu'elles devaient avoir, celle de nourrir beaucoup de bestiaux. Il fallait les mettre en herbages, ces communes, ou du moins en employer à cet usage la plus grande partie. On aurait vu alors qu'au lieu de faire diminuer le nombre de bestiaux et des engrais, le défrichement des communes les aurait considérablement augmentés, car il est incontestable qu'un arpent cultivé en luzerne ou en trèfle

autre chose que saturer la terre de l'engrais des météores, en exposant ses molécules à leurs influences; car, il est absurde de croire que la terre soit susceptible de fatigue et qu'elle puisse avoir besoin de repos. Avec des engrais, on fume toutes les terres en trois ans, au lieu de ne les fumer que six, et même neuf; on double, on triple ses productions. Avec des engrais, on diminue le travail de la culture, puisque les prairies, qui les donnent ces engrais, n'exigent que fort peu de soins, puisque les labours deviennent moins nécessaires; ils sont aussi mieux conditionnés, beaucoup plus profonds lorsque les terres l'exigent, car le cultivateur qui a plus de bestiaux les ménage moins, ne craint point autant de les fatiguer. Avec des engrais, il peut diminuer le nombre de ses chevaux, de tous ses animaux, ceux sans contredit qui coûtent le plus et rapportent le moins. Il leur substitue des bœufs qu'il engraisse avec ses herbages, sur lesquels il retire de grands bénéfices, et qui lui laissent l'engrais, qui convient le mieux à la plupart des terres.

Nous entendons toujours celles de la Picardie qui, en général, sont de nature très chaude et ont besoin d'un engrais humide et frais (1), tel qu'est celui des bêtes à

ou en sainfoin donne vingt fois plus de nourriture, qu'un arpent de commune. En consentant au partage des communes, il semble que le Gouvernement devait y mettre la condition expresse, que le tiers au moins serait continuellement employé en prairie naturelle et artificielle; on n'aurait plus à craindre que leur défrichement amenât la disette des bestiaux.

(1) On ne nous objectera pas que les marais dont abonde la Picardie ne sont pas des terres chaudes et n'ont pas besoin d'engrais humide et frais, si l'on se rappelle que nous n'avons établi la proportion des engrais avec les terres que sur celles cultivées en grains et que nous avons trouvé dans les tourbes, les houilles, les marnes, etc., une masse d'engrais suffisante non-seulement pour ces terres marécageuses, mais encore pour une partie des terres en culture.

corne. Il multiplie en conséquence le nombre de ses vaches, qui lui donnent du beurre, du fromage, des veaux et se vendent elles-mêmes ensuite pour la boucherie plus cher qu'elles n'ont coûté à l'époque de leur plus grande bonté. Il augmente aussi le nombre de ses moutons ; sans doute il a moins de terres en friche où il puisse les conduire ; mais combien ne lui est-il pas facile d'y suppléer par les fourrages qu'il a accumulés dans ses magasins. Avec des nourritures abondantes, il relève l'espèce de ses bêtes à laine, qui lui donnent des toisons plus pesantes, se vendent beaucoup plus cher aux bouchers et fournissent un engrais plus abondant. Qu'on ne croie pas ce qu'on trouve imprimé dans beaucoup de livres et même dans des gazettes modernes, qu'on ne croie pas que l'extension des herbages diminue la quantité des grains si nécessaires à la nourriture de l'homme, des pailles non moins nécessaires pour la litière des bestiaux et à la formation des fumiers. Nous l'avons déjà dit, les herbages favorisent la multiplication des grains au lieu de la restreindre. Nous en pourrions citer mille preuves, parmi lesquelles nous en choisirons une que nous croyons devoir rapporter, parce qu'elle est authentique et qu'elle nous paraît sans réplique.

Depuis environ douze ans, les cultivateurs du territoire de Lauterbourg en Alsace y ont introduit la culture du trèfle, qu'ils ont étendue tellement, qu'un tiers de leurs terres y est toujours consacré. Les décimateurs, s'étant crus en droit d'en percevoir la dîme, en ont fait la demande à laquelle les cultivateurs ont défendu, et ce qui est bien remarquable, c'est qu'un de leurs principaux moyens de défense consiste dans la preuve qu'ils offrent que, depuis l'introduction de la culture du trèfle dans le canton, la dîme en blé s'est accrue de plus d'un tiers. Cette contestation est actuellement pendante au Conseil.

Quand il serait aussi vrai, qu'il l'est peut-être, que l'extension des herbages fut capable de faire diminuer la quantité de pailles, n'en serait-on pas dédommagé, jusqu'à un certain point, par la quantité d'excréments que fourniraient les bestiaux dont on aurait un bien plus grand nombre? Le cultivateur n'aurait-il pas toujours une ressource bien précieuse qui était bien connue des anciens, qui lui épargnerait le transport des fumiers, l'embarras de les faire, les exhalaisons souvent dangereuses qui s'en échappent et infectent le séjour qu'il habite, la ressource de faire parquer ses bestiaux. Tous les vrais agronomes sont d'accord aujourd'hui sur les avantages de cette pratique; ils ne la bornent plus aux moutons, ils l'ont étendue et avec le même succès aux vaches, aux chèvres, aux cochons. L'éloignement des terres cesse par elle d'être un obstacle à leur amendement. On ne peut assez s'étonner qu'une méthode aussi ancienne (1), qui lève tant d'obstacles, qui produit des effets si utiles, ne se soit pas plus étendue, malgré les efforts d'un gouvernement pour la propager.

Quelqu'utile qu'elle nous paraisse, nous sommes bien éloignés de la croire indispensable, et quoique nous la conseillons pour tous les cas, surtout où les pailles sont rares, nous sommes loin de penser que cette rareté puisse être amenée par l'extension des herbages. Nous l'avons déjà dit, et nous croyons ne pouvoir trop le répéter, les

(1). Sunt qui optime stercorari putent, sub dio retibus inclusa pecorum mansione. Pline. Lib. XVIII. Chap. LIII.

(Quelques-uns pensent qu'on ne saurait fumer un champ, qu'en y faisant parquer les troupeaux). Traduction publiée par Panckouke.

récoltes en grain et en paille sont presque toujours en raison directe de celles en fourrages. Le fermier, faisant beaucoup plus d'engrais, ne se hâte plus tant de l'enlever pour le porter sur ses terres ; il lui donne le temps de se consommer ; il ne contient plus les semences d'une infinité de plantes parasites, qui deviennent le fléau des moissons. nfin, on peut couper les blés à la hauteur qu'on juge convenable, sans craindre de laisser sur le sol des semences uisibles, et les sarclages, qui, en beaucoup d'endroits, ne laissent pas que d'entraîner des dépenses assez fortes, les rclages deviennent inutiles ou du moins très-peu coûteux.

Un avantage, qui nous paraît très-important, plus important qu'on ne le croit communément, et qui nous semble devoir résulter d'une plus grande proportion entre les prairies et les terres labourables, c'est une plus grande variété dans les espèces de plantes, employées à la nourture des animaux. Nous avons l'air d'avancer un aradoxe, surtout après tant de déclamations contre la ourriture composée ; mais ces déclamations ne sont regardées aujourd'hui par les véritables observateurs que comme des erreurs dangereuses (1). Nous ne craignons donc pas d'assurer que la nourriture des animaux est en général trop simple, trop uniforme, trop monotone, qu'elle ne peut que très-difficilement se prêter aux modications qu'exigent les différences de nature, de tempérament, de sexe, d'âge, de saison, etc., ni remplir les dications différentes qu'offrent l'état sain et l'état malade.

Nous terminerons l'énumération des avantages, qui

(1) On peut voir dans l'excellent ouvrage de M. Parmentier, ayant pour titre *Recherches sur les végétaux nourrissants* (publié en 1772), des observations bien sages et bien judicieuses sur les avantages de la nourriture composée.

3

doivent naître d'une plus grande étendue de prairies, en observant qu'on ne sera plus dans la nécessité d'envoyer les bestiaux dans les bois qu'ils dévastent, où ils contractent trop souvent des maladies très-meurtrières, causées par les jeunes pousses d'arbres et de chêne surtout, dont ils s'y nourrissent (1), où ils vont dissiper en pure perte l'engrais, qui doit être un des principaux motifs qui déterminent à les élever. On ne les verra plus sur les chemins se fatiguer à prendre une nourriture insuffisante, on ne sera plus effrayé de leur maigreur; ils réuniront enfin le triple avantage de flatter agréablement la vue, d'être plus forts, plus vigoureux, d'un meilleur service et de fournir un engrais plus abondant et plus riche.

Nous ne pouvons trop le redire, les conséquences, qui en résultent pour l'homme, sont plus importantes qu'on ne pense. Ses arts, son commerce, ses manufactures dont la plupart sont alimentées avec des dépouilles de bestiaux, ont avec eux des rapports très multipliés, très étendus. Un aliment, devenu en quelque sorte de première nécessité, la viande de boucherie, est porté aujourd'hui à un prix très haut. La multiplication des herbages peut seule le faire baisser; il en est ainsi de toutes les autres substances fournies par les animaux, des fromages, des beurres, des cuirs, des laines, etc.

Telles sont, à ce qu'il nous semble, les principales utilités, qui doivent résulter pour la Picardie, de restreindre l'étendue de ses terres labourables pour accroître celle de ses prairies. Nous aouterons seulement que c'est

(1) Cet avantage nous paraît infiniment précieux pour la Picardie surtout, où les bois sont très rares, très chers et semblent menacés de le devenir bientôt davantage. — Il serait difficile de nombrer les victimes de la permission, accordée les années dernières, de conduire les bestiaux dans les bois du Roi.

à ce procédé que l'Angleterre, l'Irlande, l'Ecosse, quelques cantons de l'Allemagne, la Suisse, la Hollande, l'Alsace et la Normandie doivent la grande supériorité de leur agriculture sur celle de tout le reste de l'Europe, et que c'est encore à ce même procédé qu'était dû l'état florissant de celle des Romains, comme on peut s'en assurer par ces beaux vers d'un de leurs meilleurs écrivains :

> Servit agro pecus, et pecori dat molle vicissim
> Gramen ager, neque rura vigent, armentaque densi
> Sive greges campis gregibus seu pascua desinunt.

## QUATRIÈME QUESTION

N'est-ce pas au défaut d'une proportion, qu'on doit attribuer le peu d'aisance des cultivateurs dans les provinces, abondantes en blé?

La solution de cette question nous paraît être une suite nécessaire de celle que nous venons d'examiner. Si tous les avantages, en effet, que nous avons attribués à l'existence de cette proportion sont réels, si nous les avons démontrés, il est nécessaire, à ce qu'il nous semble, que l'absence de tous ces avantages suive celle de cette proportion; il est nécessaire qu'il en résulte tous les inconvénients opposés. Or, l'un des principaux, celui qui paraît être une conséquence de presque tous les autres, c'est la pauvreté des agriculteurs. Aussi existe-t-elle réellement dans presque tous les pays où la culture des grains attire toute l'attention, et il ne faut que quelques réflexions pour sentir que cela doit être.

La culture des terres exige, de la part des colons, des avances très considérables pour l'achat des animaux et des instruments aratoires, la nourriture, l'acquisition des semences, les gages, la nourriture et l'entretien de tous les salariés, employés à l'exploitation, les frais de sarclage, de récolte, de battage, etc., etc. Et ces avances, il faut qu'il s'écoule près de trois ans, avant qu'ils puissent les retirer. Ce n'est point là une exagération. C'est ordinairement à la Saint-Martin qu'ils prennent les fermes. Ils ne font autre chose la première année que de labourer les jachères, pour les ensemencer l'automne suivant. Ce n'est qu'à la deuxième année qu'ils prennent possession de la ferme; ce n'est que 21 mois après qu'ils ont commencé à cultiver, qu'ils font leur première récolte, et ce ne peut être que dans le courant de la troisième année qu'ils la convertissent en argent. Mais, comme on est dans l'usage de ne battre les grains qu'à mesure qu'on a besoin des pailles pour les bestiaux, il s'en suit que ce n'est réellement que vers la fin de la troisième année, que s'effectue la rentrée totale des avances.

Mais, il faut supposer, pour cela, que les circonstances auront favorisé la récolte; que les vents du nord, les gelées, les pluies, les glaces, la grêle, les vers à hannetons, les mulots et cent autres fléaux, qui menacent les moissons, les auront épargnées pour cette fois. Il faut supposer que le débit aura été facile et avantageux, que les grains ne seront pas descendus à un prix si bas qu'ils ne pourraient indemniser des dépenses, que le fermier ne sera pas obligé d'attendre des circonstances plus favorables, et de faire, en attendant, d'assez grandes dépenses pour la conservation de son grain, qu'il sera assez heureux pour que cette dépense ne soit pas inutile, que son blé ne s'échauffera pas, ne fermentera pas, ne sera pas dévoré par les mites, les charançons, etc. Mais, il est heureusement assez rare que tous ces incidents se réunissent, et quand ils se réuniraient, ne faudrait-il pas toujours que le cultivateur transportât ses grains au lieu de la vente, assez souvent très éloigné; ne faudrait-il pas qu'il eut, pour cet objet, des charretiers, des voitures, des chevaux? L'engrais de ces derniers, répandu dans les chemins, ne serait-il pas perdu pour les terres dont les dépouilles auraient servi à la nourriture de ces animaux? Dans les circonstances même les plus favorables, mille entraves viennent donc s'opposer à ce que le cultivateur puisse retirer de gros profits. Ajoutons à cela ce que nous avons déjà dit, que les céréales épuisent le sol, qui diminue de jour en jour de fertilité, s'il n est restauré sans cesse, s'il nous est permis de nous servir de cette expression, s'il n'est restauré par des engrais. Mais ces engrais, ce sont les bestiaux qui les fournissent, et ces bestiaux pour les nourrir, il faut des prairies, et il y en a peu, ou du moins il n'y en a pas assez dans l'hypothèse que nous examinons.

C'est sans doute une vérité incontestable, qu'une terre ne peut conserver sa fertilité, qu'autant que l'aliment qu'on lui rend se trouve en proportion avec les pertes qu'elle a faites. Il faudrait que les débris de chaque récolte se rendissent sur la terre qui l'aurait portée. C'est ce qui arrive pour les herbages, et c'est sans doute aussi ce qui en maintient la fécondité. Combien il s'en faut qu'il en soit ainsi des productions de céréales? Tout le grain est d'abord sequestré et va se consommer loin des terres qui l'ont porté, ce qui forme pour les terres un vide considérable, qui ne peut être rempli qu'au moyen d'autres ressources. Mais, combien de cantons, où il n'en existe pas d'autres? Les pailles elles-mêmes, combien de fois n'arrive-t-il pas qu'elles sont détournées de leur véritable destination, celle d'être converties en fumier et de retourner en terre? On l'emploie, cette paille, à mille usages en Picardie, et dans plusieurs autres lieux; on s'en sert à couvrir les maisons, à faire du pisé, des paillassons, à rembourrer des sièges, etc. Si l'on joint à cette considération qu'une partie de bestiaux nourris sur la ferme, avec des aliments provenant de la récolte, ne donnent point ou presque point d'engrais, puisqu'ils sont toujours sur les chemins ou dans de maigres pâtures, où ils ne trouvent que la moindre partie de leur nourriture, on cessera d'être étonné de la différence qui existe entre l'aisance des herbagers et celle des cultivateurs.

Rien n'est perdu pour les premiers; la récolte entière est rendue à la terre qui l'a portée. Les bœufs, les vaches, les moutons, les cochons engraissés donnent en graisse, en suif, en laine, en beurre, en cuir, etc., un bénéfice considérable, et l'engrais qu'ils laissent suffit non-seulement à la reproduction de la totalité du fourrage qu'ils ont consommé, mais encore à l'amendement d'une assez grande étendue de terre à blé. Eux-mêmes vont chercher la vente, il ne faut pas les conduire en voiture, ni chevaux; il ne faut pas non plus de grandes routes bien entretenues; ils passent partout, franchissent tout, et pendant une grande partie de l'année, ils trouvent leur nourriture sur leur passage. On se plaint sans cesse qu'on manque de débouchés, faute de chemins, de canaux, etc. Qu'on élève des bestiaux et l'on trouvera partout ces débouchés, vers lesquels sont dirigés tous les vœux.

Pour bien nous assurer des causes de la différence prodigieuse, qui se trouve entre la fortune des herbagers et celle des laboureurs, nous avons vu la Normandie, nous avons vu surtout la partie de cette province où la culture des grains se trouve alliée avec l'éducation des bestiaux. Nous avons parcouru les magnifiques plaines du territoire de Caen; nous avons fait sur un assez grand nombre de fermes des relevés semblables à ceux que nous avons consignés dans le tableau que nous avons joint à ce mémoire pour la Picardie; nous avons trouvé entre les terres labourables et les prés à fort peu de chose près la même proportion que celle que nous avons prouvé être la plus convenable pour cette dernière province, et ce qui nous a confirmés davantage encore dans l'opinion, que c'est réellement au défaut de proportion entre les prés et les terres qu'est dû le peu d'aisance des pays où le blé absorbe toute l'attention, c'est que dans la Normandie même, et dans ses meilleurs cantons, nous avons observé que plusieurs fermiers qui n'avaient que peu de prairies et de bestiaux, non-seulement étaient moins aisés que leurs voisins, mais qu'ils se trouvaient précisément dans la même position que les cultivateurs des pays à blé. Les mêmes recherches faites en Suisse, en Alsace, en Angleterre, nous ont fourni des résultats presque absolument semblables.

Aux raisons que nous avons déjà données, nous nous contenterons d'ajouter qu'en général les herbages naturels ou artificiels ont beaucoup moins d'ennemis à craindre que les céréales, qu'ils sont beaucoup moins exposés aux effets de l'intempérie des saisons; qu'ils n'ont pas le même besoin d'être fumés et ne courent pas les mêmes risques à l'être trop (1); que la récolte en est bien moins dispendieuse et la conservation plus facile; qu'ils produisent tous les ans et même plusieurs récoltes chaque année, lorsque les meilleures terres de la Picardie ne donnent en général que deux récoltes en trois ans, les médiocres en quatre, et qu'un grand nombre d'autres ne sont ensemencées que tous les trois, quatre, cinq et même six ans.

En donnant aux prairies et à l'éducation des bestiaux une préférence aussi marquée sur la culture des grains, nous sommes bien éloignés de prétendre détourner les cultivateurs de se livrer à la dernière. Nous pensons, au

(1) C'est là un des grands inconvénients de la culture des céréales; il y a autant et plus de danger à trop fumer qu'à ne pas fumer assez. Le milieu qu'il faut tenir est très difficile à savoir.

Solum, si non stercoratur alget, si nimium stercoratum est, aduritur: satiusque est id sæpe quam supra modum facere. Plin. Lib. XVIII, Cap. LIII.

(Si une terre n'est pas fumée, elle est trop froide; si on la fume trop, on la brûle; ainsi, il vaut mieux la fumer peu et souvent, que de la trop fumer tout d'un coup). Traduction publiée par Panckouke.

contraire, que ces deux cultures ne peuvent parvenir à leur plus haut degré de perfection que par leur association; et nous avons dit dans quelle proportion elles devaient s'allier. Si, comme nous l'avons annoncé, les terres se lassent, pour nous servir de l'expression usitée, mais assez impropre, de porter des céréales, on ne peut nier que le même effet n'ait lieu après un temps plus ou moins long pour les herbages et généralement toutes les autres productions; elles ne peuvent prospérer longtemps sur le même sol. La conversion des herbages en terres à blé, et des terres à blé en herbages nous paraît donc offrir la méthode de culture la plus parfaite, celle qui est la plus propre à conserver à la terre une fertilité constante et durable. L'expérience ne permet point de doute sur ce point. Nous ne pensons pas qu'il puisse y avoir une bonne culture, qui ne s'attache qu'à un seul genre de productions. Si celle des herbages a des avantages sur celle des grains, il n'en est pas moins vrai que l'une et l'autre sont vicieuses, et que c'est de cette réunion que dépend essentiellement l'aisance des cultivateurs, et par conséquent l'état florissant de l'agriculture qui, lui-même, est une dépendance nécessaire de cette aisance.

### CINQUIÈME QUESTION

**Quel serait le moyen d'établir entre les prés et les terres la proportion convenable et de favoriser la multiplication des prairies artificielles?**

La solution de la deuxième partie de cette question nous semble renfermer celle de la première. C'est par la multiplication des prairies artificielles et ce n'est que par elle qu'il nous paraît possible d'arriver à la proportion dont nous avons démontré les nombreux avantages. A Dieu ne plaise que notre intention ne soit qu'il faille négliger les naturelles, ou que nous ne les regardions que comme peu importantes. Celles qu'arrosent la Somme, l'Oise, la Canche, la Liane, quelques autres qui se rencontrent sur les bords des ruisseaux, occupent certainement une étendue de terrain très considérable, mais elles se trouvent distribuées, de manière qu'il n'y a qu'un assez petit nombre d'exploitations qui en profitent; la plupart n'en ont que très peu, et nous en connaissons beaucoup qui n'en ont point du tout, comme on le verra dans le tableau que nous avons joint à ce mémoire. D'ailleurs, presque toutes ces prairies sont basses, marécageuses, formées de plantes dont la plupart sont indifférentes, et plusieurs même nuisibles. Celles, qui nous ont paru dominer, dans les prairies de la Picardie que nous avons parcourue sur presque tous ses points, sont :

| | | |
|---|---|---|
| les diverses espèces de Joncs | juncus | Aquaticus.<br>Filiformis.<br>Articulatus, etc. |
| les Laîches. . . . . . . . . . . . | | Carex divisa.<br>Pulicaris.<br>Leporina.<br>Flava, etc. |

| | |
|---|---|
| les Iris . . . . . . . . . . . . . | Gladiolus communis.<br>Iris squalens.<br>Pseudo-acorus. |
| les Oseilles. . . . . . . . . . . . . | Rumex acutus.<br>Rumex aquaticus.<br>Patientia acetosa. |
| la Persicaire. . . . . . . . . . . | Persicaria. |
| la Nummulaire . . . . . . . . . . | Nummularia. |
| l'Eupatoire . . . . . . . . . . . . | Eupatorium cannabinum. |
| le Souci de marais. . . . . . . . | Caltha palustris. |
| la Renoncule des marais . . . . | Flammula palustris. |
| la Grenouillette . . . . . . . . . . | Ranunculus repens. |
| les deux espèces de Prêles. . . . | Equisetum palustre.<br>Majus.<br>Minus. |
| la grande et la petite Ciguë . . . | Cicuta virosa.<br>Æthusa cynapium. |
| l'Absinthe commune . . . . . . . | Artemisia absinthium. |
| la Scrofulaire . . . . . . . . . . | Scrophularia. |
| l'Angélique sauvage . . . . . . . | Angelica silvestris. |
| le Bouton d'or . . . . . . . . . . | Ranunculus acris hortensis. |
| la petite Chelidoine. . . . . . . . | Ranunculus ficaria. |

Toutes ces plantes, dont la plupart sont dangereuses, mêlées avec plusieurs espèces de gramen dont les feuilles sont dures et âpres, forment un fourrage extrêmement mauvais, et c'est celui de presque toute la Picardie. Il ne faut qu'avoir fait quelques voyages avec des chevaux dans les différents cantons de cette Province, pour être assuré de l'exactitude de cette observation.

Il existe, sans doute, des moyens de rendre ces prairies moins mauvaises. La nuée d'écrivains qui ont traité des vices des prairies et de leurs remèdes prescrivent, comme un moyen infaillible, d'arracher une à une toutes les plantes inutiles ou nuisibles, ou du moins de les couper toutes avant la maturité des semences. Mais, ce grand moyen, qui rappelle la réponse des oisillons au conseil de l'hirondelle de la Fable:

> Il nous faudrait mille personnes
> Pour éplucher tout ce canton (la Font. Liv. I. F. VIII.)

ce grand moyen est presque toujours impraticable, et il ne nous paraît nullement propre à produire l'effet qu'on se croit fondé à lui attribuer. Ce n'est, ni en arrachant les mauvaises plantes, ni en leur substituant de nouvelles, qu'on peut améliorer les prairies, mais bien en détruisant la cause qui favorise la végétation des premières et exclut celle des secondes, mais en amenant les circonstances les plus propres à développer la germination des dernières.

Parmi ces moyens, les seuls que nous croyons praticables sont en petit nombre; ils consistent en quelques saignées pour empêcher les eaux de stagner trop longtemps sur les prés; ils consistent surtout à donner à ces prés le véritable engrais qui convient à leur nature, et cet engrais se trouve en Picardie sous les prés eux-mêmes. Nous voulons parler de la cendre de tourbe: elle détruit mieux les plantes parasites que les sarcleurs les plus attentifs; elle fait croître à leur place des plantes très-salubres et très-nourrissantes, telles que les diverses espèces de trèfle, mais plus particulièrement, le triolet jaune (trifolium ratense luteum (1).

Tout semble annoncer que dans les prés humides, qui e recouvrent point de tourbe et qui se trouvent éloignés es cantons où l'on en retire, tout semble annoncer que a craie à laquelle on donne en Picardie le nom de marne lanche produirait le même effet. Nous n'entendons toujours parler que des prés humides, qui sont les plus ommuns en Picardie. Quant aux autres, qui sont extrême-ent bornés, nous ne pensons pas qu'on puisse leur donner un meilleur engrais que la tourbe elle-même en ature. (Voyez l'examen de la seconde question). Elle peut suppléer tous les autres moyens d'amélioration, qui seraient beaucoup plus coûteux et produiraient peut-être un effet bien moins sûr. Les immondices des villes, trop négligées jusqu'ici, offrent encore pour ces sortes de prés un amendement très-convenable.

Nous nous bornerons à l'indication de ces moyens parce qu'ils nous paraissent suffisants, qu'ils sont simples, faciles à employer presque partout et qu'ils le sont déjà par les cultivateurs les plus intelligents. Or, il nous semble que la perfection de l'agriculture doit dépendre bien moins de l'introduction de méthodes nouvelles que de la correction de celles qui existent déjà. On ne peut se flatter d'être entendu des laboureurs qu'en mettant sous leurs

(1) Cette propriété qu'a la cendre de tourbe lui est commune avec le plâtre. Nous avons vu plusieurs fois des terrains couverts de plantes nuisibles n'offrir, après avoir été parsemés de plâtre, qu'un tapis de trèfle jaune. Nous en avons eu dernièrement encore un exemple à Altkirch, auprès de la Suisse, dans un terrain de deux arpents appartenant au maître de Poste de cette ville. Ce terrain ne donnait que de mauvaises herbes aquatiques, et en petite quantité ; semé de plâtre, nous l'avons vu se couvrir d'une prodigieuse quantité de trèfle jaune, ce qui paraissait d'autant plus étonnant, qu'on ne trouvait aucune plante de cette espèce dans les environs.

yeux des procédés qu'ils puissent croire entre les leurs, de manière qu'en faisant mieux, ils s'aperçoivent à peine qu'ils font différemment qu'auparavant.

Nous n'ignorons pas qu'on améliore des prés, tels que la plupart de ceux de la Picardie, par des canaux, des fossés couverts, les transports de terre, l'exhaussement du sol par une méthode quelconque, les digues, les chaussées, etc. Nous savons encore qu'un grand moyen d'amélioration pour les prés hauts consiste dans les irrigations, dans les engrais humides, tels que le fumier des bêtes à corne, etc.

Mais, nous savons aussi que ces moyens, indiqués dans tous les livres, ne sont praticables que sur un petit nombre de terrains, et par un plus petit nombre encore de propriétaires dont ils sont d'ailleurs très bien connus, ce qui nous dispense d'en grossir ce mémoire déjà trop volumineux. Il n'en sera pas ainsi des prairies artificielles, uniquement dues à l'activité industrieuse et prévoyante des cultivateurs. Elles forment, dans toute la Picardie, une des ressources les plus précieuses, et il est aisé de s'apercevoir qu'elles peuvent devenir bien plus importantes encore dans la plupart des exploitations. Ce sont elles et souvent elles seules, qui fournissent à la nourriture des bestiaux trop peu nombreux à la vérité, mais qui, pour le devenir davantage, n'ont besoin que de la multiplication de ce genre de prairies. Il faut, pour les naturelles, un terrain choisi, privilégié, dont le fond, la position, l'inclination, etc., soient selon certaines circonstances qu'il est trop souvent difficile de rencontrer ensemble. Il en est bien autrement des prairies artificielles ; il n'est peut-être pas de terrain si mauvais, qu'il ne puisse avec quelques soins fournir à la végétation de quelques-unes des plantes, dont elles sont formées. Le tout consiste à savoir approprier à la nourriture du terrain l'espèce de plante qu'on lui confie, et à donner ensuite à ces plantes les soins que l'expérience a fait connaître pour les plus propres à favoriser leur végétation. Mais ce choix du terrain, mais ces soins appropriés exigent des connaissances encore trop peu répandues dans la Picardie. Les moyens, qui nous paraissent les plus propres à les y propager, sont renfermés dans ces trois mots : — Encouragements — Instruction — Exemple.

### PREMIER MOYEN. — ENCOURAGEMENTS.

L'un des premiers, des plus puissants mobiles des actions des hommes réside, sans contredit, dans l'opinion publique. Il n'y a personne, quelque force d'esprit, quelque philosophie qu'on lui suppose, qui puisse se soustraire absolument à son empire. Les efforts mêmes, qu'on semble faire pour l'éluder, ne font que prouver de plus en plus combien on y est servilement attaché ; on n'est jamais plus esclave de l'opinion publique, que lorsqu'on affecte de la braver.

C'est ce ressort que tous les législateurs, vraiment philosophes, se sont attachés à faire mouvoir. C'est lui, et lui seul, qui amena l'univers entier sous le joug de la Grèce et de Rome. C'est lui, qui faisait braver mille morts à ces fiers citoyens par l'espoir d'une seule feuille de chêne ou de laurier. C'est lui, qui fit dans tous les temps les grands guerriers, les grands magistrats, les grands artistes. Pourrait-on douter qu'il ne fit aussi de grands cultivateurs ? Qu'on accorde, dans chaque paroisse, au laboureur qui sera reconnu pour avoir cultivé le plus de prairies artificielles, ou qui les aura cultivées le mieux, ou qui aura introduit la culture de quelque plante utile, qu'on lui accorde quelque prérogative, quelque décoration extérieure, qui le distingue de ses confrères, et l'on verra bientôt éclore des essais de tout genre.

Chacun travaillera à l'envi à se rendre digne de la distinction proposée, et le résultat de tant d'efforts réunis sera l'extension, l'amélioration des prairies artificielles, et par une suite nécessaire, la proportion recherchée entre les herbages et les terres labourables.

Un second mobile, moins noble sans doute que le premier, mais peut-être plus puissant encore, c'est l'intérêt. Il est même une classe parmi les cultivateurs, et elle est malheureusement trop nombreuse, il est une classe sur laquelle le premier serait nul sans le second, c'est celle qui a la volonté de faire, mais qui manque de moyens. Qu'on lui fasse envisager dans une récompense assez forte la rentrée de ses avances, dans le cas où ses essais n'auraient pas le succès attendu et promis; qu'on fasse plus encore, qu'on lui donne les moyens de les faire, ces avances.

Une distribution gratuite de grains, et des prix pour ceux qui en auraient tiré le meilleur parti, rempliraient la double indication dont nous venons de parler. Ces moyens ne sont pas nouveaux; ils ont déjà été employés plusieurs fois, et s'il est arrivé qu'ils n'aient pas toujours produit l'effet désiré, c'est bien moins la faute des moyens que de la manière dont on les a employés.

Il faut d'abord que les prix soient assez considérables pour inspirer le désir de les obtenir, et couvrir du moins la plus grande partie des dépenses, faites dans cette intention. Il faudrait aussi qu'il y en eut au moins deux par paroisse, et un assez grand nombre d'*accessits*, afin que chaque cultivateur pût avoir des espérances et se mettre au nombre des concurrents. Une réduction d'impôt, une exemption de milice pour ses enfants et ses domestiques, une décharge de collecte, de corvées, etc., etc., voilà des appâts suffisants pour exciter le zèle de tous les cultivateurs, et si, ce qui n'est pas impossible, ces sortes d'exemptions entraînaient quelques inconvénients, ce qu'il ne nous appartient pas d'examiner, il y a mille autres moyens d'arriver au bon but.

Une attention de la plus grande importance, et malheureusement trop négligée dans ces sortes d'opérations, c'est que les graines distribuées soient d'une qualité parfaite. Nous ne craignons pas d'assurer, que c'est à leur mauvaise qualité qu'est dû presqu'uniquement le peu de succès qu'ont eu plusieurs distributions, qui ont été faites en différents temps, et il est bien aisé d'en sentir la raison. Les courtiers, chargés de l'achat de ces graines, enlèvent indistinctement toutes celles qu'ils rencontrent, qu'elles soient nouvelles ou surannées, bien ou mal récoltées, pures ou mêlées plus ou moins de semences étrangères; peu leur importe, pourvu qu'ils fassent leur fourniture. Ils mêlent ensemble les graines qu'ils ont rassemblées de divers cantons, d'où il résulte ensuite une bigarrure de productions, dont le moindre inconvénient n'est pas d'offrir un tableau désagréable à l'œil. C'est, à ce qu'il nous paraît, un mauvais procédé que de rassembler dans un centre commun toutes les graines, que l'on se propose de distribuer dans une province. La conservation de ces graines exige des attentions presque toujours inconnues à ceux à qui on en confie le soin. On les entasse dans des magasins où elles s'échauffent et s'altèrent. Leur division par chaque subdélégation, leur transport, leur subdivision ensuite par paroisse, etc., etc., exigent des soins trop souvent négligés, et dont l'omission entraîne toujours des inconvénients plus ou moins grands.

C'est ainsi que les vues du Gouvernement sont trompées, malgré tous les efforts des administrateurs des provinces qui veulent le bien, qui cherchent à le faire, mais dont les occupations sont trop multipliées pour leur permettre d'entrer dans les détails minutieux, mais indispensables de ces distributions. Ne serait-il pas plus simple, plus sur, plus économique de charger, nous ne disons pas chaque subdélégation, mais chaque paroisse de l'achat des graines qu'on se propose de lui confier. Si ce parti souffrait quelque exception, ce ne pourrait être que dans le cas où l'on voudrait introduire la culture de quelques plantes nouvelles, dont les graines ne se trouveraient qu'à une très grande distance. Mais ces cas là sont rares, et la province, qui nous occupe, a bien moins besoin de l'introduction de nouvelles plantes que de la propagation de celles qu'elle possède.

Ce sont, ordinairement, les subdélégués, qui sont chargés de distribuer les graines aux cultivateurs. Nous avons cru nous apercevoir que ce choix n'était pas sans inconvénient. Par un préjugé le plus souvent injuste, sans doute, mais ne craignons pas de le dire, qu'autorise quelquefois l'abus que font des subdélégués de l'autorité qu'on leur confie, (1) les habitants des campagnes sont toujours dans une sorte de défiance contre ce qui leur est offert par leur canal. Ils s'obstinent à supposer à ces dons des

(1) J'entends dire tous les jours que nous sommes dans le siècle de la philosophie, que son flambeau a dispersé la barbarie dans laquelle nos pères étaient plongés, que la douceur, l'aménité, la raison ont triomphé de l'orgueil sot et cruel, de l'ignorance stupide, etc. ; je me félicite d'être né dans un siècle aussi éclairé. Mais, lorsque je regarde autour de moi, que j'y vois des hommes se saisir avec avidité d'une ombre d'autorité pour vexer, tyranniser d'autres hommes, sans autre motif que celui de se donner de

Nous dirons la même chose, et peut-être avec plus de fondement encore, de la dîme des bestiaux qu'on élève. Ce sera toujours un des grands obstacles, qui s'opposeront à la multiplication des troupeaux, et surtout à l'amélioration des races. Quel homme, en effet, sera assez patient, assez flegmatique pour voir, je ne dis pas de sang-froid, mais sans indignation, passer dans la cuisine d'un décimateur les plus beaux de ses agneaux, ceux dans lesquels il a mis l'espoir de son troupeau, des agneaux dont le père et la mère sont venus d'Espagne ou d'Angleterre et lui auront coûté des sommes considérables? Voilà pourtant ce qui arrive ou plutôt ce qui arriverait, si les cultivateurs entreprenaient l'amélioration de leurs troupeaux; mais ils ne font aucune tentative, et l'on ne peut guère douter que les désagréments, dont nous venons de parler, ne les empêchent d'y songer.

Nous en reviendrons toujours à ce principe, qui nous paraît le fondement de l'agriculture, c'est qu'on ne doit point toucher à la partie des productions, destinées à la reproduction. Or, les agneaux ne peuvent être regardés comme un revenu, dont on puisse disposer. Leur destination est de relever sans cesse le troupeau que mille accidents tendent continuellement à diminuer, et qu'on le demande à tous les cultivateurs? Partout ou presque partout, la principale, et pour ainsi dire la seule utilité d'un troupeau, c'est l'engrais qu'il fournit pour les terres; la laine suffit à peine à rembourser les frais de garde, et cependant la dîme est perçue sur la laine, à la bonne heure! Mais les agneaux, ce ne peut-être que par un oubli absolu des lois économiques, que les cultivateurs sont obligés d'en payer la dîme.

Nous découvrons encore, dans cette perception, une

autre sorte d'abus, qui nous parait très onéreux pour le cultivateur, c'est que le décimateur n'enlève les agneaux, que l'usage absurde dont nous venons de parler lui adjuge, que lorsqu'ils sont déjà grands, que lorsqu'ils ont occasionné, à celui qui les a élevés, des dépenses assez fortes en son, en foin, etc., substances sur lesquelles la dîme a déjà été perçue une première fois. Il nous semblerait digne du Gouvernement de s'occuper des moyens de remédier à une subversion évidente de l'ordre social.

Ne serait-ce point là une des causes de la diminution trop sensible, qui s'est opérée depuis quelques années, dans les troupeaux de bêtes à laine de la Picardie? Jamais on ne les y a vus aussi rares, et par une suite nécessaire, aussi chers. Il n'est pas en notre pouvoir de calculer cette réduction; il faudrait pour cela un dénombrement de tous les moutons de la Picardie, et ce dénombrement, le Gouvernement peut seul le faire exécuter. Mais, d'après la diminution que nous avons observée, dans un assez grand nombre de troupeaux de notre connaissance, nous croyons pouvoir arbitrer à un tiers celle qui a eu lieu dans toute la Province. Ceux qui savent, comme nous, ce qu'il en coûte, tous les ans, à la France pour alimenter ses manufactures avec des laines d'Angleterre, d'Espagne, de Hollande, etc., ce qu'il lui en coûte en moutons étrangers pour ses boucheries, sentiront toute l'importance d'une réduction d'un tiers sur les troupeaux d'une grande Province, et plut à Dieu qu'elle fut la seule dans ce cas!

Il n'est pas nécessaire, sans doute, que nous fassions sentir quel peut être le rapport entre l'éducation des bestiaux et l'amélioration des prairies artificielles; la plus légère réflexion suffit pour s'apercevoir qu'il est si intime que les vices de l'une retombent absolument sur l'autre, et *vicissim*. C'est ce qui nous engage à jeter encore un coup d'œil sur des animaux plus précieux pour la Picardie, sur les chevaux.

On sait que dans cette province, ils sont seuls chargés de tous les travaux (1). On sait encore que leur éducation y forme une branche de commerce assez considérable ; il s'en faut de beaucoup qu'elle le soit autant qu'autrefois: on a vu depuis quelques années le nombre des poulains diminuer sensiblement. Est-ce au régime réglementaire, introduit en Picardie, à peu près à l'époque où a commencé la Révolution, qu'on doit l'attribuer? Les étalons royaux, qu'on a substitués à ceux des particuliers, sont-ils ou viciés, comme le prétendent les cultivateurs, ou énervés par le trop grand nombre de juments qu'on leur fait saillir ? Ces cultivateurs ne peuvent-ils pas, eux-mêmes, être soupçonnés de l'avoir amenée, cette révolution, par leur obstination à refuser à se soumettre au règlement qui a gêné leur liberté, et en aimant mieux renoncer au bénéfice des poulains que d'en élever à ce prix? Voilà des questions sur lesquelles il ne nous est possible d'avoir que des conjectures; leur solution exigerait des connaissances locales plus étendues que celles que nous avons acquises. Elle exigerait un parallèle exact de l'ancien régime avec le nouveau; peut-être leur examen serait-il digne de devenir le sujet d'un prix proposé par l'Académie. Nous nous contentons pour le moment de lui dénoncer le mal. Ce sera à sa

(1) Nous ne connaissons point de pays, où il fut plus avantageux de leur associer les bœufs, les bœufs moins diligents à la vérité, mais aussi forts, mais plus faciles à nourrir, les bœufs qui s'accomoderaient des fourrages aquatiques qui conviennent si peu aux chevaux et qui sont si communs en Picardie, les bœufs, qui n'offrent que des profits, dont le travail ne diminue point le prix, les bœufs, enfin, qui donnent l'engrais le plus convenable aux terres de la Picardie, naturellement chaudes.

sagesse à chercher les moyens d'y remédier ; ces moyens, quels qu'ils soient, concourront nécessairement à l'amélioration des prairies, tant naturelles qu'artificielles.

Il y aurait encore, à ce qu'il nous semble, un puissant moyen d'encouragement dans la prolongation des baux; ils sont, en général, à termes beaucoup trop courts. Parmi les plantes dont on forme des prairies artificielles, celle qui, sans contredit, mérite la préférence par la quantité, et peut-être même par la qualité du fourrage qu'elle fournit, c'est la luzerne. Eh bien ! la durée commune de la luzerne est de neuf ans. Nous en avons vu, qui en avait plus de trente (1). Quel est le fermier à bail de trois, six ou neuf ans, et la plupart des baux sont à ces termes, quel est le fermier qui fera les frais, partout assez considérables, d'une luzernière dont il ne peut retirer quelques profits, que deux années après son établissement? Nous l'avons déjà dit, le seul objet qu'on se propose, en se livrant à cette culture, ce n'est pas l'herbe qu'on retire, c'est encore l'amélioration du sol, ce sont les récoltes successives, ordinairement abondantes, que l'on dépouille sur les défrichés de ces herbages. Mais, le fermier à bail le plus long (de neuf années) ne peut profiter de cet avantage, à moins qu'il ne rompe la luzernière à sa sixième ou septième année. Mais, elle est souvent alors dans toute sa force, et il n'y a point de laboureur qui puisse se déterminer à la défricher dans cet état.

Nous avons d'ailleurs supposé que le semis de luzerne

(1) ...Tanta dos ejus medicæ est quum ex uno statu amplius quam tricenis annis duret. Plin. Lib. XVIII. Cap. LXIII.

(La luzerne a cette propriété, qu'une fois semée, elle dure plus de trente ans). Traduction publiée par Panckouke.

aura été fait dès la première année du bail, que ce bail sera de neuf ans. Que sera-ce pour ceux de trois ou six? Que sera-ce, si des circonstances s'opposent à ce qu'on établisse la prairie, la première ou même la seconde année? Ce n'est pas là, sans doute, un des moindres obstacles qui s'opposent à la culture des prairies artificielles, dont toutes les espèces ne sont pas, à la vérité, aussi vivaces que la luzerne, mais dont la plupart ont pourtant une durée trop longue relativement à celle des baux.

Nous mettons encore au nombre des moyens d'encouragement le renouvellement des ordonnances, relativement aux pigeons, dont le trop grand nombre désole le malheureux cultivateur, et qui, en lui enlevant la graine de fourrage qu'il a semée, lui font perdre tout à la fois le prix de sa graine, celui de ses travaux sur la terre, une année de jouissance, etc.

Un coup d'œil du Gouvernement sur les houillères, quelques marques de protection accordées aux entrepreneurs, qui se verraient à même de donner leur cendre à plus bas prix, seraient encore, à notre avis, un moyen d'encouragement, qui ne serait pas sans effet. Les avantages, qu'en retirerait l'administration, l'auraient bientôt indemnisée des légères dépenses que cet objet lui aurait occasionnées.

Un dernier moyen d'encouragement, et sans lequel tous les autres ne peuvent produire, selon nous, qu'un effet plus ou moins imparfait, c'est l'abolition absolue du parcours, de ce droit funeste, reste barbare de la féodalité, qui offense les principes de la Constitution française, qui viole le droit le plus sacré parmi nous, celui de la propriété. Ce droit, que des arrêts ont proscrit dans plusieurs de nos provinces, pourquoi ne l'est-il pas dans toutes? Il est surtout le fléau des prairies artificielles; c'est lui qui, dans presque toute la France, s'oppose à l'établissement de cette culture dont les nombreux avantages sont aujourd'hui si clairement démontrés.

Tels sont les encouragements que nous croyons les plus propres à amener la révolution, vers laquelle tendent les vœux de l'Académie et ceux de tous les citoyens, qui sont convaincus des avantages d'une bonne agriculture et de l'impossibilité d'en avoir une sans beaucoup de bestiaux et de prairies pour les nourrir. Mais, ces encouragements n'auront qu'un succès imparfait, si les cultivateurs ne connaissaient parfaitement tous les détails de la culture des prairies artificielles, s'ils ignoraient les moyens de profiter d'une infinité de ressources, qui se trouvent sous leur main.

### DEUXIÈME MOYEN. — INSTRUCTION.

Comment apprendront-ils à connaître tous ces détails, si l'on ne les instruit pas? On ne cesse de crier contre les livres d'agriculture, de crier qu'ils sont inutiles, que le cultivateur n'a ni le goût, ni le temps de lire, qu'il est impossible d'ailleurs de lui faire adopter des pratiques différentes de celles qu'il a toujours suivies.

Il y a sans doute quelque chose de vrai dans ces déclamations, mais ce qui est très vrai aussi, c'est qu'elles sont outrées.

Le cultivateur n'est pas aussi ennemi de la lecture, qu'on veut bien le supposer. Nous pourrions même assurer que le plus grand nombre de ceux, qui ont le bonheur de savoir lire, consacrent une partie de leurs loisirs à des ectures fort mauvaises, sans doute le plus souvent, qui ne servent qu'à leur gâter le jugement, à leur donner des idées fausses et ridicules. Mais est-ce à eux qu'il faut s'en prendre? On proscrit les livres, qui peuvent corrompre les mœurs, ou qui portent atteinte à l'ordre social: Pourquoi la même proscription ne serait-elle pas lancée contre tous ceux, qui ne sont propres qu'à fourvoyer l'esprit du cultivateur? Que ne substitue-t-on à la bibliothèque bleue dont il est si avide, qu'il n'y a pas une seule foire où on ne la voie exposée en dix endroits, que ne lui substitue-t-on des instructions simples, courtes, précises, qui contiendraient tout ce qu'il doit savoir sur chaque branche de culture? Serait-il bien difficile d'habiller les préceptes de manière à les lui faire goûter, de les revêtir d'une forme, qui fit passer l'instruction à la faveur de l'agrément? On prétend que l'habitant des campagnes n'a point de confiance aux livres. Distinguons. — A tous ceux qu'il ne lit pas, qu'il ne peut pas lire, parce qu'ils ne sont point à sa portée, qu'ils sont trop volumineux, qu'ils sont faits le plus souvent par des hommes qui s'érigent en réformateurs, et qui ne connaissent ni son langage, ni ses procédés, et il faut avouer que tels sont la plupart de nos livres d'agriculture, à la bonne heure, il est vrai qu'il n'y a aucune confiance.

Mais tous ceux qu'il peut lire et qu'il lit, tous ceux où il trouve des recettes, des procédés, etc., etc., ceux-là sont ses oracles ; il n'entre même pas dans ses idées qu'une chose qu'il a lue imprimée puisse être fausse. Avec quelle avidité ne lui voit-on pas dévorer l'Almanach de Liége! En est-il quelqu'un, qui n'ait pas quelques livres instructifs sur le jardinage, infiniment mieux traité sous ce point de vue que les autres branches de l'agriculture? Ce n'est donc point le cultivateur qui manque à l'instruction, mais bien l'instruction au cultivateur. Mais pour la donner, cette instruction, il faut une grande connaissance des campagnes et du caractère de ses habitants. C'est un aliment qu'il faut savoir proportionner à la force de leurs organes. S'il fallait citer des exemples et de la possibilité et des avantages de l'instruction, ils se présenteraient en foule. Nous en rapporterons un, qui n'est ignoré de personne.

Ce fut, pour ranimer parmi les Romains leur premier amour et leur premier talent pour l'agriculture, tombée dans l'état le plus désastreux par le partage des terres entre les soldats, qui, dit l'abbé Delille, s'étaient occupés trop longtemps à les ravager pour avoir appris à les cultiver, que Virgile entreprit à la sollicitation de Mécène son poëme géorgique. (1) Le succès répondit parfaitement aux vues du ministre et du poëte; on vit refleurir l'agriculture, et les premiers citoyens de Rome se firent gloire d'en étudier les principes. Pourrait-on douter que les mêmes moyens ne produisent encore aujourd'hui les mêmes effets? Quand il serait vrai qu'une instruction, telle que celle dont nous avons donné les caractères, ne pourrait être lue du commun des agriculteurs, elle le serait du moins des gros cultivateurs, elle le serait des grands propriétaires, et les autres s'instruiraient, en voyant agir ces derniers.

(1) Cet état de l'agriculture se trouve dépeint par Virgile lui-même à la fin du 1er livre de son poëme:

. . . . . . Non ullus aratro
Dignus honos; squalent abductis arva colonis,
Et curvæ rigidum falces conflantur in ensem.

(La charrue est sans honneur; privés de bras, les champs déserts se couvrent de ronces, et la faux recourbée se convertit en un glaive homicide). Traduction de Félix Lemaistre.

Nous pensons donc qu'une instruction, détaillée, sur la culture des prairies artificielles, concourrait puissamment à leur propagation. Voici le plan sur lequel il nous semble qu'elle devrait être faite, pour bien remplir son objet.

Elle contiendrait :

1° Une énumération serrée, mais exacte des principaux avantages résultant de la culture des prairies artificielles. Cette énumération serait suivie d'un tableau concis de l'état de l'agriculture dans tous les pays où s'est introduite cette culture, comparé avec l'état où elle était avant cette introduction.

2° L'énumération, la nomenclature des plantes employées ou qu'on pourrait employer à former des prairies artificielles, avec une description, la plus simple possible, de celles qui ne seraient pas très connues et qu'on serait en danger de confondre avec d'autres plantes, qui n'auraient pas les mêmes propriétés.

3° Une discussion des avantages et des inconvénients de chacune de ces plantes, considérées tant en elles-mêmes et abstraction faite des circonstances locales, que relativement à la nature du sol, à son exposition, à la température de l'atmosphère, etc...

4° L'exposition des soins qu'exigerait la culture de chacune d'elles, des préparations à donner à la terre, du temps le plus convenable pour les donner, de la forme, de la qualité des labours (1).

(1) Les mêmes plantes, sous un climat différent, ne se cultivent ni de la même manière, ni aux mêmes époques. La terre n'est, en quelque sorte, que la matrice des végétaux ; elle doit la plus grande partie de sa fécondité à une multitude d'agents étrangers : tels sont surtout les météores. La quantité plus ou moins grande des pluies qui tombe dans un pays a l'influence la plus directe sur la végétation des plantes et les soins qu'il convient de donner à leur culture. Les sainfoins, qui presque toujours durent de six à

5° Des détails sur l'espèce d'engrais, dont chacune de ces plantes paraîtrait s'accommoder le mieux, en ayant égard aux différences que peuvent et doivent y mettre les diverses espèces de sol, auxquelles ces plantes seraient confiées.

Cet article offrirait l'énumération de toutes les sortes

neuf ans, ont en Picardie une durée beaucoup plus courte. On ne peut nier que la manière, dont on y prépare les terres qu'on emploie à cette culture, ne contribue beaucoup à en abréger la durée. Toutes les plantes, dont les racines pivotent, exigent un sol profondément labouré; on se contente en Picardie de l'effleurer, tant on craint de ramener à la surface la terre du fond. On se conduit, dans la culture du sainfoin et des autres herbages, d'après les mêmes principes que pour le blé, dont les racines ne s'enfoncent pas plus avant de quatre pouces. Tull assure avoir vu celles du sainfoin descendre à 30 pieds; j'en ai vu de la luzerne, qui en avaient plus de dix.

Une des causes, qui détruit si tôt le sainfoin, c'est la quantité prodigieuse de plantes étrangères qui se trouvent mêlées avec lui, et dont les semences se trouvent souvent mêlées avec la graine. et quelquefois dans les fumiers même, sur lesquels on a la mauvaise habitude de jeter les balayures des greniers à foin.

Un cultivateur très éclairé, et l'un de ceux qui nous ont paru se livrer avec plus de zèle à des essais pour les progrès de l'agriculture, M. Langlet, maître de poste de Cuvilly, nous a assuré que toutes les fois qu'il avait fumé ses sainfoins, il les avait vu périr: beaucoup d'autres cultivateurs nous ont certifié la même chose. Cependant, nous avons vu des sainfoins sur des terres absolument semblables (des craies) donner des produits d'autant plus abondants qu'ils étaient fumés davantage. D'où vient cette différence? Elle réside uniquement dans celle de l'engrais. Dans toute la Bourgogne, on fume les sainfoins qui sont sur la craie, avec des fumiers gras, frais, humides, comme celui des vaches, les immondices des rues. le limon des marais, etc. En Picardie, on emploie le fumier de cheval naturellement très chaud, sur des craies déjà trop brûlantes; il ne faut pas sans doute chercher d'autres raisons. Nous sommes persuadés que la tourbe en nature, qui est si commune en Picardie, ferait disparaître cet inconvénient.

Le même cultivateur nous a montré, sur ses terres, des sainfoins qu'il avait semés en août, septembre et octobre, sans les mêler avec des grains: il nous a assuré que l'expérience lui avait appris que, semé de cette manière et à cette époque, le sainfoin réussissait beaucoup mieux, que semé en mars et avril, et avec des céréales. Mais, comme cette méthode offre aux cultivateurs un produit moins prompt, nous ne la conseillerons qu'à ceux qui sont en état d'attendre la rentrée de leurs avances.

d'engrais, qui présentent aux cultivateurs Picards leurs secours salutaires, et dont ils font un usage beaucoup trop borné. Les propriétés, tant générales que relatives, de chacun de ces engrais y seraient exposées, et autant qu'il serait possible, étayées par des faits de pratique.

Les marais, les tourbes, les houilles et les cendres des deux dernières, fixeraient spécialement notre attention. Nous indiquerions les méthodes, que l'expérience aurait prouvées être les plus propres à tirer de ces substances le parti le plus avantageux. Nous fixerions les proportions dans lesquelles elles devraient être employées relativement au sol, à l'espèce de plante et la qualité la plus ou moins bonne de l'engrais (1).

Nous ferions connaître les caractères qui indiquent cette qualité, les circonstances locales qui favorisent ou contrarient ses effets (2).

6° La méthode la plus sûre pour reconnaître la bonne

(1) Les espèces de marne sont infiniment variées, et les effets, aussi variés que les espèces.

Les tourbes ne sont pas toutes aussi de la même qualité ; il en est de pures ; il en est de terreuses ; elles ne varient pas moins par leurs effets que par leur couleur et leur poids. Les premières font très bien sur les terres pesantes, tenaces, argileuses ; les deuxièmes, sur les terres légères.

La même différence existe dans les cendres de tourbes ; elles produisent des effets différents et doivent être employées à des doses différentes, selon qu'elles sont plus ou moins cuites, ou qu'elles proviennent d'une tourbe plus ou moins terreuse ; il en est ainsi de tous les autres engrais.

(2) M. Villin, d'Amiens, a remarqué que les cendres de tourbe favorisaient puissamment la végétation du blé, semé au nord. L'expérience a encore prouvé que la tourbe pure, qui restait sans effet sur les prés humides et marécageux, en produisait de très puissants sur les prés élevés, tandis que la cendre détruisait la mousse des premiers et les couvrait bientôt de bonnes plantes, qu'elle faisait périr dans les derniers, si elle n'était pas semée en temps humide. Il y a mille faits de pratique de cette nature qu'il serait très important de recueillir, et qui seraient très bien placés dans l'instruction que nous proposons.

qualité des graines, nous étant aperçus qu'un des grands obstacles à la réussite des prairies artificielles et spécialement du sainfoin, la plus commune de toutes en Picardie, résidait dans l'altération des semences et dans leur mélange avec une grande quantité de graines étrangères (1).

7° Les proportions dans lesquelles les diverses espèces de graines doivent être semées ; ayant reconnu qu'il régnait à cet égard dans les différents cantons des différences ridicules et qui ne peuvent justifier en aucune manière celles qui se trouvent dans le sol et le climat (2); ayant reconnu encore que la plupart des auteurs qui ont fixé les proportions des semences des prairies artificielles

(1) Il y a un grand nombre d'indices pour reconnaître la qualité des graines; mais, nous nous sommes assurés que beaucoup étaient fautifs et illusoires : tels sont le plus souvent ceux tirés de la couleur, de l'éclat, de la plénitude de la graine, s'il est possible de se servir de cette expression. Tel est encore celui qu'on tire du son que rend la graine de sainfoin dans son enveloppe. L'immersion des graines dans l'eau, les essais en petit d'un nombre déterminé de grains, voilà sans contredit les signes les plus sûrs ou plutôt les seuls qui le soient. Cependant, il en est d'autres qui ne sont pas à négliger et qu'il est bon de connaître.

(2) Il nous paraît qu'en général on épargne beaucoup trop la semence en Picardie, et c'est sans doute une des causes de la quantité énorme des plantes étrangères, qui infectent les prairies artificielles et surtout les luzernes, qu'elles détruisent presque toujours. MM. Delportes, de Boulogne, dont j'ai déjà parlé avec éloge, ont excité le rire de leurs voisins, en répandant seize livres de luzerne sur un arpent (48,400 pieds carrés). On en met jusqu'à vingt-cinq livres dans les terres des environs de Paris où la culture de la luzerne est le mieux entendue. La quantité la plus ordinaire est de vingt livres. La luzerne semée dru est d'une qualité bien supérieure ; elle est plus déliée, plus tendre, recouvre mieux le sol, s'oppose plus puissamment à la végétation des plantes parasites, évite les sarclages, etc., etc. Ou il faut semer la luzerne dans la proportion que nous venons d'indiquer, ou n'employer que la dixième partie, et alors la semer en rayons, non pas espacés de trois pieds, comme l'ont indiqué Tull et ses partisans, mais seulement d'un pied ou dix-huit pouces au plus, de manière qu'un homme puisse faire courir une bêche dans les rangs, méthode qui nous paraît plus simple, plus commode, plus sûre que celle des houes à cheval des cultivateurs.

ont écrit sans connaissance, comme on le verra dans le tableau que nous croyons devoir joindre ici.

| NOM DES PLANTES | NOM DES AUTEURS | ÉTENDUE des terres réduites en pieds carrés | QUANTITÉ de semences |
|---|---|---|---|
| Luzerne | M. Duhamel. Eléments d'agriculture Tom. 11. p. 126 | 100 perches à 22 pieds ou 48,400 pieds carrés. | 100 liv. |
| | L'auteur anonyme du voyage agronomique, traduit de l'Anglais. | 40,860 pieds | 2 » |
| | L'auteur anonyme d'un traité des prairies artificielles pr la Champagne. | 48,400 » | 20 » |
| Trèfle | M. l'abbé Rozier. Cours complet d'Agriculture. Article Luzerne. | 14,400 » | 6 » |
| Sainfoin | L'auteur du mémoire couronné par la Société de Genève sur l'entretien des prairies. | 25,600 » | 15 à 18 |
| | La Société d'Agriculture de Bretagne. | 46,080 » | 20 » |

| NOM DES PLANTES | NOM DES AUTEURS | ÉTENDUE des terres réduites en pieds carrés | QUANTITÉ de semences |
|---|---|---|---|
| Luzerne | L'auteur du traité des prairies artificielles pour la Champagne. | 48,400 » | 20 » |
| | La Société de Bretagne, 1er vol. de ses Mém. | 46,080 » | 8 » |
| | 2e vol. | id. | 12 » |
| | M. Patulo. — Amélioration des terres. | | |
| | Edition de 1738 | 48,400 » | 20 » |
| | Edition de 1739 | id. | 10 à 12 |
| | Edward Lisle, Observations... | 40,860 » | 20 » |
| Trèfle | L'auteur du voyage agronomique. | 40,860 » | 2 » |
| | Le guide du fermier. | 40,860 » | 20 » |
| | Duhamel. | 48,400 » | 8 Boisseaux de Paris |
| | L'auteur des prairies artificielles pour la Champagne. | 48,400 » | 16 à 18 Boisseaux |
| Sainfoin | L'encyclopédie | 53,280 » | 1/3 de Boisseau |
| | Mortimer | 40,860 » | 4 Boisseaux |
| | Roque. — Musæum rusticum. | 40,860 » | 14 Boisseaux |

**8° La proportion dans laquelle les prairies artificielles doivent être avec les terres labourables de chaque exploitation, eu égard au besoin plus ou moins grand de bestiaux, déterminé par le besoin d'engrais, dépendant lui-même de la valeur des terres et des ressources locales.**

**9° Les soins qu'exige l'entretien des prairies, les méthodes les plus sûres et les plus économiques de leur donner plus de durée, sans rien diminuer de leur produit, en l'augmentant au contraire. (1)**

(1) Rien ne nous a paru faire aussi grand tort aux prairies artificielles dans toute la Picardie, que l'usage trop général d'y faire paître les bestiaux, même dès la première année Cette pratique, si souvent funeste aux bestiaux, l'est toujours aux prairies. Les pieds du cheval enfoncent le sol, y laissent des empreintes où l'eau séjourne et fait pourrir les plantes qui, au reste, ne peuvent plus être atteintes par la faux. Sa dent saisit les bourgeons qui commencent à sortir et ronge jusqu'au collet de la plante, que son urine dessèche et brûle. Voir Hyppocrate, lib. de articulis, p. 785 de la traduction de Fuschius..... Geoffroy, matière médicale, tom. III, part. II... Les pieds et surtout la dent du mouton produisent les mêmes effets...

Pour être moins dangereux, les bœufs ne laissent pas pourtant que de faire beaucoup de tort aux prairies ; ils enfoncent moins le sol et rongent les plantes de moins près, mais la secousse qu'ils leur donnent avec l'espéce de rape dont leur langue est recouverte, ou les arrache, lorsque le sol est humide et qu'elles ne sont pas très enfoncées, ou les ébranle, de manière qu'elles poussent bientôt après, comme nous l'avons vu très souvent et comme le prouve ce passage, dont l'autorité ne sera pas suspecte :

Ita delebit hic populus omnes, qui in nostris finibus commorantur, quo modo solet bos herbas usque ad radices carpere. Pentat. Lib. Num. Cap. XXII, vers. 4.

(Ce peuple exterminera tous ceux qui demeurent autour de nous, comme le bœuf a accoutumé de brouter les herbes jusqu'à la racine). Traduction de Lemaistre de Sacy.

Les cultivateurs romains, dont nous parlons souvent, parce que leur agriculture était infiniment supérieure à la nôtre, à en juger du moins par les ouvrages économiques qu'ils nous ont laissés, connaissaient bien le danger de cette pratique et avaient grand soin de la proscrire : Nec primo anno rigari nec pasci ante secunda fenisecia ne herbæ vellantur, obritu que hebetuntur. Plin. lib. XVIII, Cap. LXVII.

(Il ne faut pas arroser les prés la première année, ni permettre au bétail d'y paître, avant qu'ils aient été fauchés deux fois, de peur que ces animaux

10° Les attentions particulières qu'exige la fenaison de chacune des plantes employées en prairies artificielles, relativement à la grosseur plus ou moins considérable de leurs tiges, au plus ou moins d'eau qu'elles contiennent, à l'adhérence plus ou moins grande de leurs feuilles, à leur plus ou moins de disposition à fermenter, s'échauffer, se moisir, lorsqu'elles sont serrées, humides, etc.

11° La méthode la plus sûre et la plus économique d'employer le produit des diverses prairies artificielles; l'indication des animaux qui s'accomodent mieux des unes que des autres; les précautions à prendre pour prévenir les accidents qu'entraîne trop souvent l'emploi inconsidéré de ces fourrages; les moyens enfin d'en arrêter les effets, lorsqu'on ne les a pas prévenus (1).

n'arrachent l'herbe, ou ne l'étouffent, en la foulant aux pieds). Traduction de Panckouke.

Texendæ sepes etiam et pecus omne tenendum. Virg. Georg. lib. II.

(Qu'une haie étroitement enlacée écarte les troupeaux..... de la vigne). Traduction de Panckouke.

Plusieurs arrêts, émanés de nos tribunaux, prononcent la même proscription.

Privilegiaria quadam lege vetitum est non modo ne alienis in pratis armenta pascant invito domino, sed ne proprietarii quidem in sua prata pecus immittant illico post primam illorum herbam exectam, neque omnino ante diem D. Remigio festum. Constitutione francica Henrici II, postridie idus. Junias an. 1554. Subinde promulgata in foro prefecturæ pariensis. Renat. Chopin. Lib. II de privileg. rustic. Cap. III.

Plusieurs arrêts ont des dispositions semblables; ils sont des 7 août 1638, 23 juillet 1681, 28 février 1722, 23 janvier 1779, 28 octobre 1785. Ce dernier modifie la proscription en faveur des propriétaires, moyennant que leurs herbages soient clos de murs ou de haies.

L'article 10 de la coutume d'Amiens contient aussi une disposition relative à cette interdiction.

(1) Le plus commun de ces accidents et le plus funeste, c'est sans contredit la météorisation des estomacs des ruminants. On ferait un volume de l'énumération de tous les moyens employés dans les divers cantons, ou qu'on trouve dans des livres pour en prévenir les suites. Mais

12° Enfin les principes d'après lesquels on doit se conduire dans le défrichement des prairies artificielles, dans le choix des plantes qui s'accomodent le mieux des terres nouvellement défrichées, les moyens enfin de corriger quelques inconvénients qui paraissent inhérents à ces sortes de terres (1).

il n'en est qu'un petit nombre, qui méritent quelque confiance; telles sont surtout les courses un peu rapides, l'immersion dans l'eau froide, la saignée, et lorsqu'on le peut, une dissolution de nitre dans l'eau-de-vie, donnée en breuvage. Lorsque ce dernier moyen tarde trop à produire son effet, on doit recourir à la ponction de la panse. La manière de faire cette opération devrait encore faire partie de l'instruction.

(1) L'un des plus grands, sans contredit, c'est d'entretenir beaucoup trop longtemps la végétation des graminées, de prolonger leur verdure bien au-delà de l'époque, vers laquelle elles ont coutume de se dessécher. La chaleur progressive du soleil, au lieu de resserrer, d'oblitérer les pores des plantes, de durcir leurs tiges, pour les mettre en état de résister à l'effet des brouillards, qui apportent ou pour parler plus exactement et dans l'hypothèse ingénieuse du savant, M. Tillet (voir dissertation sur la cause qui corrompt les grains dans les épis, couronnée par l'Académie des sciences de Bordeaux, pag. 24, 25 et 26), qui déterminent dans les plantes la rouille (connue en Picardie sous le nom d'enniellure) qui leur est si funeste, cette chaleur ne sert, au contraire, qu'à élever dans leurs tiges une plus grande abondance de sucs, qui entretiennent la végétation dans un temps que la nature a destiné à la fermentation et à la maturité des grains. Aussi ceux de ces blés sont-ils toujours petits, avortés, avec l'écorce très-épaisse et peu de farine.

Il est des moyens d'éviter ces inconvénients, qui peuvent certainement s'opposer aux progrès de la culture des prairies artificielles.

En voici quelques-uns:

1° Défricher en automne et défricher profondement, afin d'exposer à l'action de l'air une plus grande surface.

2° Croiser le premier labour en février par un second, qui sera suivi d'un troisième à la fin de mars ou au commencement d'avril;

3° Semer, sur les défrichés, des plantes qui ne soient point exposées à la rouille, comme les navets, les carottes, les choux, les betteraves, les fèves, les pois, les pommes de terre, etc., qui y réussissent toujours mieux que les graminées.

4° Faire couper ces derniers en verd, avant la formation de l'épi, lorsqu'on les a semés sur les défriches (nous avons retiré de cette manière

Nous nous bornons à donner les éléments de l'instruction, qu'il nous paraîtrait utile de répandre parmi les cultivateurs; quoiqu'elle nous paraisse renfermer les chefs de tout ce qu'il importe de connaître, nous sommes loin de croire que nous ayons indiqué la meilleure forme. Nous sommes loin encore de nous croire en état de remplir ces chefs.

plusieurs récoltes très-abondantes de seigle vert qui a donné un très bon fourrage) et en épuisant le sol de ses sucs superflus le rendre propre à produire du blé;

5° Préférer sur les défrichés les grains qui sont le moins exposés à la rouille, tels que l'orge qui a d'ailleurs des avantages infinis sur l'avoine qu'on y emploie ordinairement. (Hordeum ex omni frumento minimé calamitosum, quia ante tollitur quam triticum occupet rubigo). Plin. Lib. XVIII. Cap. XVIII.

(L'orge est de tous les grains, le moins exposé aux injures des saisons, car on le récolte ordinairement, avant que la nielle n'attaque le froment). Traduction publiée par Panckouke.

6° Ne semer du blé sur des terres défrichées qu'après plusieurs récoltes consécutives des espèces de plante dont nous venons de parler et dont la culture offre beaucoup plus d'avantages qu'on ne le croit communément.

7° Raffermir par le fréquent usage du rouleau la terre que les prairies artificielles et spécialement le trèfle ont le défaut de trop soulever, de rendre spongieux et pour nous servir de l'expressisn consacrée de *rendre creuse*.

8° Attendre toujours pour y semer du blé que les gazons, qui ont été retournés, soient parfaitement consommés; lorsqu'ils ne le sont pas, ils établissent dans le sein de la terre une chaleur, une fermentation qui détruit la température, résultant de l'heureuse combinaison du chaud et de l'humide, température sans laquelle il n'y a point de végétation;

9° Semer de très-bonne heure, au commencement d'octobre ou même dans les derniers jours de septembre; plus tôt le blé sera semé, plus tôt il aura fini son accroissement, et moins il sera exposé aux accidents que nous avons détaillés au commencement de cette note.

Ce n'est point là une méthode purement spéculative. C'est le résultat de la pratique des cultivateurs les plus intelligents dans les cantons où la culture des prairies artificielles est regardée comme le premier fondement de l'agriculture ; et si l'on réfléchit sur les effets des prairies artificielles sur les terres, on verra que les conseils que nous venons de donner remplissent assez exactement toutes les indications. Il est incroyable que, dans tant de livres écrits sur l'agriculture, on ne trouve rien de relatif à cet objet.

Ce travail, pour être parfait, exigerait des connaissances locales bien plus étendues que celles que nous avons acquises. Si les instructions produisent si rarement l'effet qu'on attend, c'est que, pour l'ordinaire, ceux qui les font n'ont pas même l'idée des difficultés qu'il y a à en faire une, qui, au mérite de la précision, joigne celui d'embrasser assez de détails pour convenir à une étendue de pays considérable. Une instruction est ordinairement l'ouvrage de quelques heures, au plus de quelques jours. Nous ne craignons pas d'assurer qu'elle devrait être celui de quelques années. Ce serait, en vain, qu'on se persuaderait pouvoir la faire d'après sa propre expérience ; il y faut nécessairement joindre celle des autres, et ne jamais perdre de vue cette maxime sage d'un agriculteur romain :

Operarum ratio unum modum tenere non potest in tanta diversitate terrarum : et ideo soli et provinciæ consuetudo facile ostendet, qui numerus unamquamque rem faciat sive in surculis sive in omni genere satorum. Palladius. Lib. I. Tit. VI. (1)

TROISIÈME MOYEN. — L'EXEMPLE.

Ceux qui ne veulent pas reconnaître les effets de la persuasion sur les cultivateurs, ne nieront pas sans doute ceux de l'exemple. Tous les hommes naissent naturellement imitateurs, et surtout des procédés qui tendent à leur avantage. Que les grands propriétaires, que les fermiers riches donnent la première atteinte à cet ordre des soles, si respecté en Picardie ; qu'ils couvrent leurs jachères de trèfle,

(1) (On ne peut pas, vu la prodigieuse diversité des terres, donner de règles certaines sur le nombre de journées qu'elles exigeront ; c'est pourquoi l'usage du Canton et de la Province vous décidera aisément sur ce nombre en tout genre de culture, plant ou semence). Traduction de Nisard.

de vesces, de bisailles, de pois, de féveroles, de navets, de carottes, de pommes de terre, de maïs, etc.; qu'ils prélèvent sur la totalité de l'exploitation, ou un tiers, ou un quart, ou un cinquième, enfin une portion de terre plus ou moins étendue, selon les besoins d'engrais, pour la cultiver en luzerne ou en sainfoin; qu'ils ne défrichent jamais cette réserve, sans avoir employé à la même culture la même étendue de terre sur une autre portion de l'exploitation; que cette distribution soit telle que les mêmes plantes et surtout les céréales ne reviennent sur le sol qui les a déjà portées, qu'après une révolution de plusieurs années; que les possesseurs des terres effacent des baux de leurs colons la clause absurde de *ne marner ni dessoler*. Les meilleurs cantons de la Picardie ont déjà donné l'exemple. Le système de jachères, ce système qui n'est dû qu'à la pénurie des engrais et au peu d'aisance des cultivateurs, n'est presque plus connu dans plusieurs cantons du Santerre et surtout dans le territoire de Roye, où pourtant la clause de *ne marner ni dessoler* est bien rigoureusement stipulée dans tous les baux. On dira, nous le savons bien, que toutes les terres de la Picardie ne ressemblent pas à celles du Santerre, et cela est très-vrai. Mais, il est très-vrai aussi que la seule conséquence à en tirer, c'est que les cantons moins fertiles ont besoin de plus d'engrais, de plus de bestiaux, et conséquemment encore de prairies naturelles ou artificielles. Car avec ces choses là, on a partout de très-belles récoltes. On les a tous les ans, et sinon sur toutes les terres, du moins sur toutes celles qui ne sont pas frappées d'une stérilité absolue; car celles là, nous ne conseillerons à personne de les cultiver. Elles ne sont pas d'ailleurs inutiles; elles offrent aux bestiaux bien nourris dans les étables une promenade aussi agréable que salutaire. Elles ont beaucoup d'autres usages, qu'il n'est pas de notre objet d'indiquer.

Pour s'assurer de ce que peuvent devenir les terres les plus médiocres, par les engrais, il suffit de jeter un coup d'œil sur celles qui entourent tous les villages de la Picardie, et d'ailleurs on aperçoit une ligne de démarcation bien frappante entre elles et celles qui sont plus éloignées. On peut objecter qu'assez ordinairement la bonté du sol a déterminé la construction des villages ; cette règle n'est pas si générale qu'il n'y ait une infinité d'exceptions, et nous n'en connaissons point pour celle que nous avons établie, que les terres environnantes sont toujours de très-bonne qualité. Où trouve-t-on un sol plus ingrat en général que celui des environs de Paris ? c'est presque partout un sable aride ; on le convertit journellement en un terrain très-fécond et qui donne les productions les plus abondantes. Tout cela est parfaitement connu du cultivateur de tous les pays, mais entraîné par la routine, il fait ce qu'il a vu faire. Qu'on lui donne de meilleurs exemples et il les suivra ; il les a suivis déjà dans plusieurs parties de l'Europe, il les a suivis dans quelques provinces de France dont l'agriculture est aujourd'hui dans l'état le plus florissant.

Si les propriétaires ne veulent pas les donner, ces exemples, si les avantages précieux qu'ils en retireraient ne peuvent les y déterminer, qui les empêche d'user d'un moyen fort simple qu'ils ont sous la main. Qui les empêche de stipuler dans leurs baux que les preneurs seront tenus d'ensemencer en prairies artificielles une étendue de terre qu'ils détermineraient, et de ne défricher ces herbages qu'après en avoir établi la même quantité sur une autre partie de l'exploitation. Qui les empêcherait encore d'exiger qu'il y eut en tous temps, sur la ferme, un certain nombre de bestiaux que le preneur serait libre d'augmenter, mais qu'il ne pourrait jamais restreindre. On ne regardera sans doute point ces clauses comme attentatoires à la liberté, puisque le fermier serait le maître de s'y soumettre ou de refuser de le faire. Il est évident, d'ailleurs, qu'il en résulterait pour lui-même les avantages les plus précieux, comme nous l'avons démontré dans l'examen de la troisième question. Le propriétaire, de son côté, verrait bientôt sa terre doubler et quelquefois même tripler de valeur, comme nous en avons vu plusieurs exemples, et qui n'en a point vu?

Il peut, sans doute, y avoir d'autres moyens, que ceux que nous venons d'indiquer, d'étendre la culture des prairies artificielles et de couvrir le déficit que nous avons démontré, en examinant la première et la seconde question. Mais, nous nous croyons en droit d'assurer d'après notre expérience, d'après les observations que nous avons faites dans quelques cantons de l'Europe, dans quelques provinces de France où cette culture est devenue la base de l'économie rurale, nous nous croyons en droit d'assurer que si ces moyens n'amènent pas la révolution si désirée et si désirable, ils sont du moins capables d'y concourir très-puissamment.

## SIXIÈME QUESTION

Quelles sont les prairies artificielles connues dans la Généralité d'Amiens ?
Quelles sont celles qu'on pourrait y introduire ?

Si, sous la dénomination de prairies artificielles, on ne comprend que les plantes vivaces, tirées du milieu des prairies naturelles pour être cultivées séparément, celles qui sont connues dans la Généralité d'Amiens sont en très petit nombre ; mais si l'on étend cette dénomination, comme il nous semble qu'on le doit, à toutes les plantes généralement quelconques, cultivées séparément pour la nourriture des bestiaux, alors on voit s'étendre considérablement le cercle des plantes, dont on forme en Picardie des prairies artificielles.

Dans l'énumération et l'examen que nous allons faire des plantes qui ont cette destination, nous ne comprendrons que celles qui sont cultivées en grand. Les plantes, dont on s'est contenté de faire quelques essais, seront renvoyées parmi celles, dont nous considérerons l'aptitude à former des herbages dans la Généralité d'Amiens.

La première classe comprend le sainfoin, la luzerne, le trèfle, les différentes espèces de plantes siliqueuses, telles que la vesce, la bisaille, le pois, la lentille, la féverolle, les navets, les carottes.

### Sainfoin : *Hedysarum Onobrychis.*

Il est connu dans plusieurs cantons sous les noms d'*Esparcette, de Bourgogne*, de *gros foin, d'herbe éternelle.* Dans presque toute la Picardie, il est désigné sous son vrai nom.

Nous commençons cet examen par cette plante, parce qu'elle est la plus commune dans toute la Généralité d'Amiens et qu'elle est celle qui paraît convenir le mieux à la nature de ses terres, dont la plus grande partie sont en côte et crayeuses.

Lorsque la craie ne paraît pas à sa surface, il est rare qu'elle ne se trouve pas à quelques pieds et trop souvent à quelques pouces de profondeur. Le sainfoin est de toutes les plantes, dont on forme des prairies artificielles, celle qui est la moins délicate sur la nature du terrain. Originaire de plus hautes montagnes, où ses racines s'enfoncent et trouvent leur nourriture dans les fentes des rochers, elle a conservé dans la plaine sa constitution primitive. Ce ne fut que dans le seizième siècle qu'elle commença à y être cultivée en prairie artificielle. (1)

Si le sainfoin le cède à la luzerne par la quantité de fourrage qu'il fournit, on ne peut nier qu'il ne lui soit supérieur par la qualité; il n'est pas aussi sujet qu'elle à causer des tranchées, des tympanites, à épaissir le sang et les humeurs. Il peut être donné, sans dangers, peu de temps après qu'il a été fané, et cet avantage est très précieux dans les années surtout où la sécheresse a été si grande qu'à l'époque de la récolte tous les fourrages anciens se trouvent consommés.

Nous ne dirons pas, comme Tull, que les chevaux, nourris de sainfoin seul, soient aussi vigoureux que lorsqu'on leur donne de l'avoine; nous ne dirons pas non plus qu'un arpent de bon sainfoin en bonne terre donne 40 fois plus d'herbe qu'une même mesure de prairie

(1) Voyez Anguillara, Trattato de Simplici, et Olivier de Serres, Théâtre d'Agriculture, où le sainfoin est désigné sous le nom d'Esparcette.

naturelle. Ce sont là des exagérations ridicules, qui, il faut le dire pourtant, appartiennent à un homme très célèbre et qui mérite de l'être, celui de tous les écrivains agronomiques qui a médité le plus profondément sur les opérations de l'agriculture. Mais, nous ne craignons pas d'assurer que par la quantité et la qualité de son fourrage, son aptitude à croître, non pas sur tous les terrains (propriété que n'ont aucunes plantes, si ce n'est dans les livres), mais sur un grand nombre de terrains peu propres à donner d'autres productions, mais sur les craies surtout qui, sans être les terres qui lui conviennent le mieux, fournissent cependant les sucs nécessaires à sa végétation; par l'avantage qu'il a de braver l'intempérie des saisons, et surtout la sécheresse qui dévore toutes les autres plantes, de n'exiger que peu de soins, de dépenses et d'engrais, de fertiliser plus qu'aucune autre plante le sol qui l'a porté, d'offrir enfin aux chevaux qui, en Picardie, sont les animaux les plus précieux, le fourrage artificiel qui leur convient le mieux et paraît flatter le plus leur goût, nous ne craignons pas d'assurer que, par ces prérogatives, le sainfoin a un avantage considérable sur toutes les espèces de plantes, cultivées en Picardie pour le même usage.

C'est lui, aussi, qui est le plus étendu. Peut-être même les terrains, couverts de trèfle et de luzerne, ne forment-ils pas la dixième partie de ceux cultivées en sainfoin; il s'en faut bien cependant que sa culture soit aussi multipliée qu'elle paraît et qu'elle devrait l'être. Nous avons vu dans plusieurs parties de la Picardie, sur une vaste étendue de côtes crayeuses en friche quelques carrés de sainfoin; nous nous sommes assurés que la terre qui le portait était d'une nature absolument semblable à celle de la terre qui l'entourait de toutes parts: toute la différence n'existait que dans l'industrie des propriétaires ou des colons (1).

On se plaint généralement en Picardie que, depuis quelques années, les sainfoins ne rapportent presque point et qu'ils ont une durée beaucoup moins longue que ci-devant. Nous avons recherché avec soin les causes de cette révolution; nous avons déjà indiqué le défaut de préparation des terres qu'on destine à cette culture, et surtout l'ignorance des principes, qui doivent diriger le mode de ces opérations. Mais, comme il n'y a pas d'apparence que les terres soient moins ou plus mal cultivées aujourd'hui qu'avant l'époque de ce changement dont on se plaint, il faut bien qu'il y ait une autre cause.

Ne serait-elle point, cette cause, dans l'espèce d'engrais, dont on fait usage, pour hâter la végétation du sainfoin. Nous avons déjà dit que plusieurs cultivateurs et entr'autres, M. Langlet, maître des postes de Cuvilly, nous avait assuré que lorsqu'il fumait ses sainfoins, il les voyait dépérir, mais ses sainfoins sont sur des craies, et son fumier est celui du cheval. Ce n'est pas cet engrais que presque partout on donne à cette plante, on le conserve pour le blé. Les cendres de tourbe et de houille sont, dans toute la Généralité d'Amiens, l'engrais qu'on lui consacre. Or, ces deux engrais ne nous paraissent pas convenir à la nature de la terre, employée à cette culture.

Sans raisonner, en effet, sur les principes constituant de ces cendres, ce qui ne nous conduirait qu'à une con-

(1) On peut s'assurer de l'exactitude de cette assertion, en jetant un coup d'œil sur les côtes crayeuses qui se présentent à l'entrée de la Picardie du côté sud et se prolongent au nord jusqu'aux portes d'Amiens et bien au-delà. C'est surtout entre Montdidier et Moreuil qu'on trouve de petits essais de fort beau sainfoin sur des côtes blanches, absolument incultes.

naissance à peu près oiseuse, qu'à des systèmes purement hypothétiques (1), l'expérience, le seul guide qui ne nous trompe point, l'expérience a prouvé que ces cendres produisaient des effets merveilleux sur des terres humides, qu'elles détruisaient les mousses et les autres plantes dangereuses ou nuisibles et hâtaient la végétation des bonnes. Elle a encore prouvé, cette expérience, que sur quelque terrain que ce fût, les effets de ces cendres étaient toujours en raison de la pluie, qui venait à tomber, aussitôt après qu'elles étaient répandues. L'humidité est donc une condition indispensable de la bonté de cet engrais, une condition *sine quâ non*, comme disent les logiciens.

Ne semble-t-il pas, d'après cela, que les craies, de toutes les terres les plus chaudes, peut-être, doivent l'exclure, et lorsqu'on vient à réfléchir que ce n'est que depuis quelques années que s'est propagé l'usage de les répandre sur les sainfoins, et que ce n'est que depuis quelques années aussi qu'on s'est aperçu de la dégénération dont on se plaint, cette simultanéité d'époque ne donne-t-elle pas à notre conjecture la force de la démonstration, si l'on joint surtout à ces considérations que le mal est toujours d'autant plus grand, que les années sont moins humides.

Si nous avons trouvé la véritable cause de cette altération, le remède en est bien facile, et nous l'avons déjà indiqué. Qu'à la cendre de tourbe ou de houille, on subs-

(1) Ce qu'on sait le mieux aujourd'hui sur la nature des engrais, leur manière d'agir, etc., c'est qu'on ne sait rien du tout. Les sucs, ces sels, ces huiles, ces graisses, ce savon, cet alcali, etc., qu'ils versent dans le sein de la production, ne sont que des mots vides de sens, dont tout le monde se sert par habitude, sans y rien comprendre. On n'a pas plus tôt imaginé un système que l'expérience vient impitoyablement le renverser; elle nous montre d'excellents engrais dans des substances qui ne contiennent ni sucs, ni sels, ni graisses, ni etc. Le sable le plus aride, des pierres, des silex sont dans quelques cas de très-bons engrais.

titue ces substances elles-mêmes pures ou crues. L'expérience a montré que, répandues dans les marais, elles n'y produisaient aucun effet, mais il n'en est pas ainsi des terres sèches; elles leur fournissent l'engrais qui paraît leur convenir le mieux. Il y en a plusieurs exemples en Picardie, et cette méthode n'a besoin que d'être connue pour être propagée. Les principes de la saine physique et les conseils de l'expérience en sollicitent également l'emploi. Nous nous sommes assez étendus sur ce point dans l'examen des questions précédentes, pour nous croire dispensés d'y rien ajouter dans l'examen de celle-ci. Nous avons encore annoncé, comme propres à remplir les mêmes conditions, les curures des fossés, des mares, des étangs, les immondices des villes, etc. (1)

LUZERNE : *Medicago sativa. Linn.*

La luzerne paraît être une des premières plantes qui aient été cultivées en prairies artificielles. Tous les auteurs géoponiques anciens lui donnent les éloges les plus magnifiques, et l'on ne peut nier qu'elle ne les mérite (2).

(1) Pour être convaincu de toute l'étendue des avantages dont on se prive, en négligeant les immondices des villes, comme on le fait dans presque toute la Picardie, et comme on le faisait autrefois à Amiens, il suffit de jeter les yeux sur une terre située à la porte même de cette ville, à la Vallée, faubourg de Noyon, et qui appartient à M. le chevalier de Moyenneville. Cette terre n'a jamais aucun repos, et ses productions sont d'une beauté qui ne se dément point. Elle n'est fumée qu'avec les boues d'Amiens; il faut avouer, aussi, que le fond de terre est naturellement bon et assez profond.

(2) Sed ex iis, quæ placent, eximia est herba Medica; quod cum semel seritur, decem annis durat. Colum. Lib. II. Cap. X.

(De toutes les espèces de fourrages, la luzerne est sans contredit la meilleure, parce qu'une fois semée, elle dure dix ans). Traduction de Nisard.

Les modernes ne les lui ont pas moins prodigués (1). M. Duhamel a publié qu'un arpent de luzerne en terres médiocres lui avait fourni, dans ses coupes réunies, 20,000 livres de fourrage sec. Quoique ce produit ne soit rien moins qu'ordinaire, il n'en est pas moins vrai que la luzerne est de toutes les plantes artificielles celle qui donne les plus grands produits. C'est elle encore qui a le plus de vitalité, et lorsqu'elle se trouve en bonne terre et qu'elle est bien cultivée, on ne la voit plus finir. Mais, malheureusement, la terre qui lui convient ne se trouve pas très communément, et surtout en Picardie. Elle craint également et les terres trop sèches où elle languit bientôt, et les terres trop humides où ses racines se pourrissent, et presque toutes les terres de la Picardie pêchent par l'un ou l'autre de ces excès. Les plaines, presque toutes en côtes et crayeuses, sont beaucoup trop brûlantes, et les terrains bas, enclavés entre ces plaines, beaucoup trop humides. Il se trouve, cependant, de temps en temps, des parties de terre qui tiennent le milieu entre ces deux extrêmes, qui offrent plusieurs pieds de terre végétale au-dessus de la craie; elles forment assez souvent la ligne intermédiaire qui sépare les craies des tourbières.

Lorsque cette interruption ne se fait pas brusquement, comme cela arrive le plus ordinairement, les premières étant élevées perpendiculairement au dessus des secondes, on trouve de ces terres à luzerne dans l'Amiénois, entre

Tanta dos ejus est quum ex uno statu amplius, quam tricenis annis duret. Plin. Lib. XVIII, Cap. XVI.

(La luzerne a cette propriété, qu'une fois semée, elle dure plus de trente ans). Traduction publiée par Panckouke.

Voyez encore Caton, Chap. XXIII. — Varron, Liv. I, Chap. XXXIII. L. III. — Palladius, Liv. V. Tit. I.

(1) Voyez Olivier de Serres, Théâtre d'agriculture. — Duhamel, Eléments d'agriculture.

Picquigny et Flixecourt, dans plusieurs parties du Ponthieu, dans le Vermandois, et surtout sur les bords de l'Oise. Cette culture pourrait être beaucoup plus étendue et elle mériterait de l'être. Elle ferait disparaître absolument les inconvénients résultant de la mauvaise qualité des prairies naturelles qu'arrose la Somme dans tout son cours. Avec quelque industrie pour soustraire aux modifications les parties qui tiennent le milieu entre les prairies et les marais, et l'emploi de l'engrais le plus convenable tant à la luzerne qu'à l'espèce de terre qui favorise le plus sa végétation, nous ne doutons point qu'on ne put retirer des récoltes très-abondantes et peu couteuses, sur des terrains qui ne rapportent aujourd'hui que des plantes aigres que rejettent les bestiaux, ou qu'ils ne mangent point impunément.

On fait fort peu de luzerne dans le Boulonnais et le Calaisis. Nous y avons vu, cependant, des terres qui lui conviendraient très bien. Les bords de la Liane offrent précisément le terrain dans lequel la luzerne réussit le mieux. Aussi y en avons-nous vu quelques essais très beaux. Les terres, que dans le territoire de Boulogne on appelle terres vives, peuvent, lorsqu'elles ont du fond, et elles n'en manquent pas, du moins dans plusieurs terrains que nous avons étudiés, rapporter de trés-bonnes luzernes. Il n'est question que de les labourer avant l'hiver et même plusieurs fois pour les disposer à être ameublies par les gelées, qui sont sans contredit les meilleurs de tous les laboureurs.

Ce qui empêche que la culture de la luzerne ne se propage dans le Boulonnais et le Calaisis, c'est que le plus souvent, cette plante est suffoquée, détruite absolument par les herbes parasites qui croissent avec elle.

Il s'offre deux moyens certains de parer à cet inconvénient. Le premier consiste à semer la luzerne beaucoup plus drûe, qu'on ne le fait communément, de manière qu'elle occupe tout le sol, et intercepte l'air et la nourriture aux plantes qui germeraient sur le même terrain. Le second moyen consiste à semer un peu plus clair, mais en rayons espacés d'environ dix-huit pouces, de manière qu'un homme puisse faire courir une houe entre chaque rang ; ce qui nous paraît plus simple et moins dispendieux que les espacements de trois pieds prescrits par Tull et ses partisans, que l'usage des houes à cheval pour sarcler les luzernes, etc.

Les anciens avaient grand soin de sarcler leurs luzernes (1) ; ils la semaient aussi sur rayons, et, dans tous les pays, où les mauvaises herbes prennent le dessus et ne peuvent être détruites par l'augmentation de la semence, nous conseillerons de recourir à ce dernier moyen, plus dispendieux à la vérité que le premier, mais qui aussi

(1) (Medica)... herbis omnibus liberanda est, manu potius, quam sarculo. Plin. Lib. XVIII. Cap. XLIII.

(Il vaut mieux dans la luzerne arracher les herbes avec la main qu'avec le sarcloir). Traduction publiée par Panckouke.

Ratris ligneis frequenter herba mundetur, ne teneram medicam premat. Pallad. Lib. V. T. I.

(On se sert de rateaux de bois, pour la débarrasser souvent des mauvaises herbes, afin que celles-ci ne l'étouffent point, dans le temps qu'elle est encore jeune). Traduction de Nisard.

Verno seri debet, liberarique ceteris herbis : ad trimatum, marris (la houe) a solum radi. Ita reliquæ herbæ intereunt sine ipsius damno propter altitudinem radicum. Plin. Lib. XVIII. Cap. XLIII.

(On doit la semer au printemps et la sarcler avec soin. Au bout de trois ans, on la coupe à fleur de terre ; par ce moyen, on fait périr les herbes sans endommager la luzerne, qui a les racines très profondes). Traduction publiée par Panckouke.

Il paraît par ce passage de Pline que les Romains sarclaient leurs luzernes jusqu'à la troisième année (ad trimatum).

donne plus de fourrage. Il est vrai qu'il est un peu plus dur, mais cet inconvénient peut être corrigé jusqu'à un certain point, en coupant la luzerne plus souvent.

L'une des premières causes de cette quantité d'herbes étrangères, qui croissent dans les luzernes de toute la Picardie et surtout du Boulonnais et du Calaisis, réside dans le choix des engrais qu'on emploie dans la culture de cette plante. Celui de tous qui nous a toujours paru lui convenir le mieux dans tous les terrains indistinctement, ce sont les immondices des villes, les curures des fossés, de marais, en un mot, les terres limoneuses.

Nous en avons vu cent exemples en Picardie, mais ceux qui nous ont frappés le plus se trouvent, l'un à la porte de Boulogne du côté du Sud sur la côte, entre la haute et la basse ville; l'autre, à une petite distance de Montreuil, aussi du côté du Sud. Nous n'avons point vu dans toute la Picardie d'aussi belles luzernes. Il s'en faut bien cependant que la terre, qui les porte, soit de la première qualité, mais on a soin de la terroter (1) de temps en temps avec des immondices des rues. On nous a dit que la luzerne de Boulogne appartenait à la veuve Gambard, maîtresse de poste de Boulogne, et celle de Montreuil au sieur Ringard, directeur de la poste aux lettres.

Lorsque l'usage aussi avantageux à tous égards que celui d'employer à la culture des prairies artificielles les immondices des villes sera introduit, la ville de Boulogne, au lieu de donner cent louis pour faire balayer ses rues, trouvera des adjudicataires qui lui paieront le droit d'en-

(1) Ce mot, écrit ainsi dans notre manuscrit, ne se trouve point dans le dictionnaire de Napoléon Landais, ni dans celui de Littré. Il est, suivant nous, synonyme de terrer, c'est-à-dire, garnir de nouvelle terre, et, dans l'espèce, d'immondices, qui forment effectivement un puissant engrais. (Note de l'Éditeur).

lever les immondices, et le succès des semis de luzerne ne sera plus contrarié par les plantes étrangères qui, non-seulement partagent le terrain avec elles, mais finissent presque toujours, tôt ou tard, par l'en exclure absolument.

Mais ce n'est pas ici le lieu d'indiquer les moyens d'étendre la culture de la luzerne, en la perfectionnant dans tous les lieux où elle est établie. Cette indication doit se trouver dans l'instruction dont nous avons tracé l'esquisse. Nous devons nous borner, pour répondre aux vues de la Société, à faire connaître les plantes cultivées en Picardie, en prairies artificielles. Ce que nous avons ajouté n'est qu'une extension qu'elle nous pardonnera, en faveur du motif d'intérêt qui nous y a entraînés.

### TRÈFLE : *Trifolium*.

Sur cinquante-quatre espèces ou variétés de trèfle, décrites par Tournefort, nous n'en connaissons qu'une seule, qui soit cultivée en Picardie. C'est le grand trèfle rouge, *trifolium pratense* (Linn). Il est le seul, aussi, qui nous paraît mériter de l'être ; il est, à tous égards, bien supérieur au trèfle blanc (*trifolium pratense album*) et au trèfle jaune (*trifolium pratense luteum, capitulo lupuli vel agrarium*) qu'on cultive dans quelques provinces de France, qui ne donnent ni autant, ni d'aussi bon fourrage et ne s'accomodent pas toujours du même caractère de terre.

Celui, qui plaît le plus au trèfle rouge, est un sol frais, argileux, qui lui-même reçoit du trèfle le genre de culture qui lui convient le mieux. Les racines de cette plante divisent, atténuent les molécules compactes et tenaces de ce sol, et en détruisant son agrégation, corrigent le vice qui s'oppose si fortement à la fécondité. Combien ce moyen n'est-il pas plus simple, plus économique que celui des instruments aratoires auxquels on applique des forces si considérables, pour triompher de la résistance de ce sol rebelle, connu sous le nom de vive terre, en Picardie, mais spécialement dans le Boulonnais et le Calaisis, où il est fort commun et où l'on cherche à diminuer par la marne, ou plutôt par la craie à laquelle on donne le nom de marne, les difficultés qu'il offre à la culture.

Les deux cantons, dont nous venons de parler, nous ont paru ceux où l'on trouvait le plus de trèfle. Nous en avons vu aussi de beaux champs dans quelques parties du Ponthieu et surtout dans le doyenné de Rue, dont toutes les terres usurpées sur la mer ont conservé une humidité qui favorise très puissamment la végétation de cette plante.

Toutes les élections de la Généralité d'Amiens ont aussi adopté cette culture, mais elle est extrêmement bornée dans la plupart. Nous ne craignons pas d'assurer qu'elle offre le moyen le plus sûr d'obtenir les récoltes les plus abondantes, sans épuiser les terres; le trèfle, n'étant que trisannuel, ne dérange point l'ordre des soles. On le sème sur les terres qu'on laisserait reposer. Quelques mois après avoir été semé, il donne déjà une récolte, et l'année suivante, il en donne jusqu'à quatre dans quelques cantons, mais deux seulement et très rarement trois en Picardie. On peut encore le conserver un an, si on le juge à propos, et il donne un très-bon produit la troisième année.

Mais on trouve plus avantageux, presque partout, de le rompre à la seconde, pour préparer la terre à recevoir du blé, qui y vient souvent mieux que sur les terres *jachères* et fumées.

Le trèfle réussit mal sur la craie, à moins qu'elle ne

soit recouverte de cinq ou six pouces de terre franche, comme on en trouve beaucoup dans les élections de Saint-Quentin, Péronne et Montdidier. Les terres, les plus généralement propres au trèfle dans toute la Picardie, sont celles qui forment la ligne de démarcation entre les plaines hautes et les marais tourbeux; elles tiennent le milieu entre l'excès d'humidité et l'excès de sécheresse, et c'est précisément cette température qui convient le mieux à la végétation de cette plante.

On s'est attaché depuis quelques années en Picardie à élever des cochons. Il n'est peut-être point de culture qui favorise autant l'accroissement et l'engrais de ces animaux que celle du trèfle. Rien n'est plus commun en Allemagne que de voir des troupeaux de cochons au milieu des tréflières ; on a soin seulement d'en écarter les truies pleines, l'expérience ayant prouvé que cette nourriture les faisait avorter.

On ne voit en aucun pays des bœufs aussi beaux, des vaches aussi abondantes en lait que dans les cantons où fleurit la culture du trèfle. Les chevaux même s'accomodent très bien de cette nourriture. Nous avons vu, en Alsace, des chevaux de poste qui, pendant tout l'été qu'ils n'étaient nourris que de trèfle vert, ne laissaient pas que de fournir à un service très-violent et continu. Il nous paraît même plus avantageux de consommer ainsi le trèfle en vert que de le faire faner. La quantité d'eau que contiennent ses tiges s'oppose à ce que la dessication s'en fasse promptement, ce qui entraîne souvent les plus grands inconvénients. Il est vrai que les bestiaux, qui le consomment en vert, contractent très souvent des maladies très dangereuses, comme des météorisations, des tympanites, des tranchées venteuses, mais ces accidents peuvent être très facilement prévenus, comme nous l'avons indiqué dans l'esquisse de l'instruction, qu'il nous paraît être utile de répandre parmi les cultivateurs.

Les habitants du village de Blankenloch, dépendant du margraviat de Baden Dourlack ont imaginé de tirer du trèfle un parti qu'on ne connaissait pas encore et qui nous paraît mériter d'être connu. Lorsqu'ils ont rompu leurs trèfles, ils en ramassent soigneusement les racines qu'ils conservent pour nourrir les animaux, lorsqu'il n'y a plus aucune nourriture fraîche. Ces racines servent en quelque sorte de transition de la nourriture verte à la nourriture sèche, et les avantages de cette transition, si conforme aux vœux de la nature, sont bien plus considérables qu'on ne le croit communément et ne peuvent être balancés par la cherté de la main d'œuvre, les pertes des bestiaux, qu'entraînent journellement les abus qu'on commet dans leur régime, étant incommensurables.

Les trois espèces de plante, dont nous venons de faire l'examen, sont les seules vivaces que nous ayons trouvées cultivées en grand en prairies artificielles dans toute la Picardie ; il en est d'annuelles dont la culture est bien plus étendue.

Telles sont :

La Vesce (*Vicia sativa. Linn.*) connue dans toute la Picardie sous le nom d'hivernage;

La Bisaille (*Vicia sylvestris incana*), connue dans quelques lieux sous le nom de Jarrosse;

Le Lentillon (*Ervum lens*) ;

Le Pois gris, ou de brebis (*Cicer arietinum*), connu en Picardie sous le nom de Pois de chaudronnier. Il y a environ dix ans que la culture de ces pois s'est introduite en Picardie. Les cultivateurs du Santerre sont les premiers, à ce que nous croyons, qui l'aient adoptée; elle s'est bientôt étendue dans toute la province. Pendant assez longtemps, on a donné ces pois aux chevaux qu'ils engraissent promptement. Mais l'on n'a pas tardé à s'apercevoir que cette nourriture donnait lieu à des maladies inflammatoires très-graves, et qu'elle usait considérablement les dents des chevaux, ce qui produisait le double inconvénient de les faire paraître plus âgés qu'ils n'étaient et de rendre leur mastication moins facile; ce qui a fait renoncer à cette nourriture qu'on a abandonnée aux cochons et aux moutons.

Nous croyons pouvoir assurer que les reproches, qu'on lui a faits, lui sont bien moins dus qu'à la manière dont on l'a employée. C'est toujours sur l'avoine, de tous les grains le plus pauvre en farine, qu'on règle la mesure des autres espèces de farineux qu'on donne aux chevaux. On ne peut pas se persuader que des aliments, qui contiennent la matière nutritive à différentes quantités, doivent être donnés à des doses réglées sur ces différences.

Une quatrième espèce de graine farineuse, dont la culture est fort étendue, c'est:

La Féverole (*Faba minor equina, Linn.*), plus connue en Picardie sous le nom de févelotte. On la trouve surtout dans toutes les parties de la province les plus humides. Nous en avons vu beaucoup dans le Calaisis, l'Ardresis, le Marquenterre, les élections de Doullens, d'Abbeville et de St-Quentin. Elles accompagnent toujours la culture du trèfle; elles se plaisent, en effet, dans tous les terrains dont il s'accomode. Comme lui, elles ont la propriété de diviser le sol le plus compact, et de le disposer à recevoir du blé.

C'est même un phénomène assez curieux que la facilité avec laquelle les racines de féveroles les plus mousses, que nous connaissions, percent à une assez grande profondeur les terrains les plus tenaces. Ce ne peut être que sous ce point de vue que les féveroles peuvent être regardées, comme propres à féconder la terre (1).

Il n'en est pas ainsi des autres légumineuses dont nous venons de parler. Leurs rameaux enlacés étendent sur le sol un tapis qui le recouvre assez exactement, pour le défendre de l'ardeur du soleil et s'opposer à l'évaporation de l'humidité, et cet avantage est infiniment précieux pour les terres de la Picardie, qui pèchent par excès de sécheresse.

Le lentillon nous a paru être de toutes ces plantes celle qui s'accomodait le mieux de ces sortes de terre qu'il ne recouvre pas pourtant aussi exactement que les autres. Aussi, les récoltes de grains qui viennent après lui, sont-elles toujours un peu moins bonnes.

Les cultivateurs romains, qui cultivaient toutes les plantes légumineuses que nous connaissons, et plusieurs autres que nous ne connaissons pas, les faisaient surtout servir à engraisser les terres, que leur éloignement rendait difficiles à fumer (2). Pour cet effet, aussitôt que ces

(1) Solum, in quo sata est faba, lætificat stercoris vice. Plin. Lib. XVIII. Cap. XXX.

(Elle engraisse la terre où on la sème et lui sert de fumier). Traduction publiée par Panckouke.

(2) In primisque et hoc notandum, quædam propter alia seri obiter. Plin. Lib. XVIII. Cap. XXI.

(Il est bon encore de remarquer qu'il y a des grains qu'on ne sème que par rapport à d'autres). Traduction publiée par Panckouke.

Stercorantur agri lupino, fabâ, viciâ, ervo, lente, cicerculâ, piso. Colum. Lib. II. Cap. XIV.

(Le lupin, la fève, la vesce, l'ers, la lèntille, la cicérole et le pois engraissent la terre). Traduction de Dubois, dans la collection Panckouke.

plantes entraient en fleurs, ils les enfouissaient à la charrue. Cette pratique, dont les avantages sont immenses, est connue dans quelques cantons de la Picardie. Il est à désirer qu'elle se propage; elle peut diminuer beaucoup le besoin des engrais, elle peut les suppléer du moins dans tous les endroits où il est difficile de les porter, et ces endroits ne sont pas très-rares dans la province qui nous occupe.

Nous croyons pouvoir encore étendre la dénomination de prairies artificielles aux carottes et aux navets qui, dans quelques cantons de la Picardie, sont cultivés pour la nourriture des bestiaux. L'élection de Montdidier en offre un grand nombre d'exemples. Tricot, Montgerain, Coivrel (1), Alain (2), etc., etc., nourrissent un grand nombre de cochons qu'ils engraissent avec les carottes et les navets qu'ils cultivent. Un journal, semé en carottes, donne jusqu'à sept ou huit tombereaux de racines, le tombereau de quatre pieds cubes. On stipule dans tous les baux que le preneur ne *carottera point*, dans la persuasion où l'on est que la carotte épuise le sol, ce qui est vrai

Lupinus et vicia pabularis, si virides succidantur, et statim supra sectas eorum radices aretur, stercoris similitudine agros fecundant. Pallad. Lib. I. Tit. VI.

(Si l'on coupe le lupin et la vesce comme fourrage, dans le temps qu'ils sont verts, et qu'aussitôt après, on laboure sur leurs racines, ils féconderont les campagnes à l'instar du fumier). Traduction de Nisard.

On retrouve la même assertion dans Caton, § 7. — Varron, Liv. I. Chap. XXIII. — Columelle, Liv. II. Chap. VI. — Pline, Liv. XVIII. Chap. XXVII, et Palladius, Liv. VI. Tit. IV.

(1) Ces trois communes dépendent aujourd'hui du canton de Maignelay (Oise).

(2) Nous avons vainement cherché le nom de cette localité dans les dictionnaires des communes de France. L'auteur n'a-t-il point voulu désigner Halluin, ancienne dénomination de Maignelay? Voir le précis statistique sur ce canton par M. Graves, 1839. — (Note de l'Editeur).

jusqu'à un certain point, mais ce qui n'est qu'un très petit inconvénient, lorsqu'on connaît l'art d'alterner les terres et de faire succéder les plantes les unes aux autres dans l'ordre qui convient le mieux à la nature du sol.

On augmenterait considérablement la masse de la nourriture des bestiaux, si l'on étendait cette culture, que nous avons vue aussi établie dans quelques cantons du Ponthieu, et surtout des environs d'Abbeville.

Nous en avons vu beaucoup dans quelques cantons du territoire d'Amiens. Celles de Camons ont surtout fixé notre attention par leur volume et leur qualité; mais elles se vendent toutes dans les marchés d'Amiens et ne sont jamais employées à la nourriture des bestiaux. La terre qui les porte est graveleuse et a du fond; elles viennent aussi très bien dans les sables un peu gras. C'est la terre qui convient le mieux encore aux navets, dont la culture est beaucoup trop bornée. C'est dans un sable noir que croissent ceux de Montgerain, qui ont ordinairement quatre à cinq pouces de diamètre.

C'est à la culture des navets que les Anglais nomment Turneps, qu'ils doivent la richesse de leur agriculture. Le Gouvernement a fait répandre, depuis quelques années, des graines de ce turneps dans plusieurs provinces de France, et l'instruction qui a accompagné cette distribution ne laisse rien à désirer sur la culture de cette plante-racine. Nous en avons vu des essais, qui ont très-bien réussi sur la concession qui a été faite à MM. Delportes, dans la forêt de Boulogne. Tout annonce que la Picardie, et la partie surtout qui avoisine l'Angleterre, doivent obtenir de la culture de ces turneps des sucs bien plus certains que les provinces plus éloignées, l'expérience ayant prouvé que les graines craignaient également et les terrains trop près et ceux trop éloignés du canton où elles avaient mûri.

Le Boulonnais, le Calaisis et plusieurs autres parties de la Généralité d'Amiens trouveraient dans l'extension de la culture des turneps l'avantage d'engraisser des bœufs, avantage dont elles ont toujours été privées, sans qu'il nous ait été possible d'en découvrir la raison, plusieurs de ces cantons nous paraissant infiniment plus propres par leur position et la nature de leurs herbages à l'éducation des bœufs, qu'à celle des chevaux qui offrent des profits bien moins sûrs.

Une observation que nous croyons très curieuse et très intéressante, c'est que les pratiques, auxquelles quelques parties de l'Europe doivent la supériorité de leur agriculture, se trouvent être précisément les mêmes que celles qui rendaient si florissante l'agriculture des Romains. La culture des gros navets en fournit encore une preuve; les auteurs géoponiques anciens lui donnent les éloges les plus magnifiques. (1) Quelle puissante raison pour étudier ces auteurs plus qu'on ne le fait, et combien paraît ridicule l'opinion de ceux qui prétendent que l'agriculture d'autre temps, d'autres lieux ne peut être

(1) Ante omnia namque cunctis animalibus nascuntur rapæ... Terram non morose eligunt, pæne ubi nihil aliud seri possit. Nebulis et pruiis ac frigore ultro aluntur amplitudine admirabili. Vidi XL libras excedentia. Plin. lib. XVIII. Cap. XXXIV.

Les raves sont la meilleure nourriture qu'on puisse trouver pour toute sorte d'animaux... Les raves ne sont pas difficiles sur le choix du terroir; elles s'accomodent même du terrain où il ne peut venir rien autre chose. Les brouillards, le givre et le froid leur sont plus favorables et leur font prendre un accroissement prodigieux. J'en ai vu qui pesaient plus de quarante livres. Traduction publiée par Panckouke.

La livre romaine ne contenait que douze onces. Nous avons vu des navets qui pèsent autant et plus même que ceux dont parle Pline.

appliquée à notre temps et à nos terres, comme si les lois de la végétation n'étaient pas partout les mêmes, comme si quelques exceptions, des modifications particulières pouvaient détruire des principes généraux universels, immuables. Mais il est bien plus aisé d'assurer que les méthodes des anciens ne peuvent être les nôtres, que de les étudier, ces méthodes, que de rechercher les raisons qui les motivaient, que de voir si elles tenaient à des circonstances locales ou si elles étaient regardées comme essentielles.

Nous ne connaissons point d'autres plantes cultivées en Picardie pour la nourriture des bestiaux. Nous allons suivre, dans l'exposition de celles qu'on pourrait y introduire, le même ordre que nous avons adopté dans l'examen des premières.

## PLANTES DONT ON PEUT INTRODUIRE LA CULTURE DANS LA GÉNÉRALITÉ D'AMIENS

Le melilot (melilotus capsulis reni similibus, in capitulum congestis) (Juss. R. H.) On le nomme en Picardie Milirot; il est aussi connu dans quelques lieux sous le nom de Triolet, de trèfle jaune, de luzerne jaune. Il a, en effet, une telle ressemblance avec la luzerne qu'il faut de l'habitude pour l'en distinguer.

Nous avons lieu de conjecturer que cette plante était cultivée par les anciens pour la nourriture de leurs bestiaux (1) et il est étonnant qu'elle ne le soit pas parmi

(1) Nous trouvons dans Homère, le mélilot au nombre des plantes qui rendaient les Etats de Ménélas propres à l'éducation des chevaux. Nous y voyons, encore, qu'Achille nourrissait ses chevaux avec cette plante pour prévenir les maladies d'articulation, que pouvait leur donner le long repos auquel ils étaient réduits. — Nous venons de voir, aussi, le nom de cette

nous. Elle vient assez bien sur des mauvais terrains, elle est même regardée souvent comme un des fléaux des luzernes qu'elle détruit par la force de sa végétation ; nous en avons vu très souvent qui avaient plus de six pieds de haut. Elle est extrêmement hâtive ; dès la première année, elle donne des jets considérables, et il paraît que, comme le trèfle, elle est trisannuelle, ce qui lui donne l'avantage de pouvoir être semée sur les jachères, sans déranger l'ordre des soles. Les tiges sont plus dures que celles de la luzerne, mais cet inconvénient disparaîtra, il diminuera du moins par la culture.

Nous avons cru devoir adresser à la Société trois pieds de mélilot, que nous avons arrachés parmi un bien plus grand nombre, à la fin d'avril dernier, sur un terrain assez maigre, mais un peu humide, qui se trouve sur la route de Rue à Abbeville. On remarquera qu'à cette époque la végétation était arrêtée par les vents du nord qui soufflaient depuis un mois. Mais, pour qu'une plante soit propre à être employée en prairies artificielles, il ne suffit pas qu'elle donne beaucoup de fourrages, il est encore nécessaire que les animaux la mangent avec plaisir. Il faut surtout qu'elle leur fournisse un aliment sain. Nous nous sommes assurés de la première condition : les chevaux, les vaches, les moutons, les cochons, les chèvres mangent très bien le mélilot. Nous avons même remarqué que les moutons le recherchaient ; son odeur est bien plus agréable que celle des autres plantes, consacrées au même usage.

plante à la tête de celles qu'on cultive particulièrement pour les chevaux, dans un traité des Haras publié l'année dernière en Allemagne, par M. Hartmann. Cet ouvrage a paru à Tubingen, dans le royaume de Wurtemberg, en 1786.

Quant à la seconde condition, nous n'avons pu encore nous la procurer; elle exige des expériences longues, et pour les faire, ces expériences, nous avons rassemblé une assez grande quantité de graine de mélilot, que nous avons semée sur un terrain sablonneux, fort maigre. Elle a été semée au commencement d'avril; les plantes ont déjà plus de six pouces de haut. Nous nous proposons de le donner, pendant quelque temps, pour toute nourriture à un individu de chaque espèce d'animaux domestiques. Nous avons déjà remarqué que dans les bois, où le mélilot croît fort abondamment, les bêtes fauves le recherchaient avec avidité. Un des grands avantages de cette plante, c'est d'être précoce, et de conserver sa verdure pendant très longtemps. Nous en avons récolté quelques bottes de très vert le douze de décembre dernier; nous l'avons fait faner et consommer par des vaches qui l'ont dévoré. Mais nous n'en avons pas employé assez pour pouvoir juger de ses effets sur l'économie animale. Il n'y a presque point de terrain en Picardie, où cette plante ne croisse spontanément au grand regret des cultivateurs, qui, peut-être, n'ont qu'à le vouloir pour en faire une des plantes les plus précieuses de l'économie rurale.

La lupuline (medicago, lupulina. Linn.).—On la connaît en Picardie sous le nom de minette dorée; on lui donne aussi celui de trêfle noir.

C'est une espèce de luzerne sauvage dont la fleur est jaune; elle fournit aux bestiaux, et spécialement aux moutons, un très bon paturage. On en fait aussi du foin, mais nous ne conseillerons pas de la cultiver dans ces vues, à moins qu'on n'ait des terres sur lesquelles la lupuline croîtrait spontanément, et assez d'autres paturages pour pouvoir se passer de celui-ci.

Cette plante est fort commune dans le Calaisis, l'Ardresis et le Boulonnais. M. de Bernoy, propriétaire de la terre d'Hippendal, près d'Ardres, la cultive depuis plusieurs années avec beaucoup d'avantages. Combien il serait à souhaiter, que, comme on a substitué des prairies artificielles aux prairies naturelles, on convertît aussi en paturages artificiels les patures naturelles, qui sont si communes en Picardie, et qui y sont si mauvaises et d'un si mince produit, composées de plantes si aigres, si dangereuses.

Lorsque l'on sentira, enfin, les avantages d'une semblable conversion, la lupuline offrira une ressource bien précieuse. Lorsqu'elle se trouve en bonne terre et qu'on veut la faucher, elle donne jusqu'à trois récoltes; on ne la laisse ordinairement sur le sol que pendant l'année de jachères.

Il y a lieu de croire que sa culture s'étendra bientôt. MM. Delportes, qui ne négligent aucune occasion de reculer les bornes de l'agriculture, nous en ont montré onze arpents, qu'ils venaient de semer sur leur concession. Le terrain est frais, argileux; c'est celui sur lequel la lupuline a montré qu'elle réussissait le mieux. On peut la semer en automne, mais le temps le plus favorable est la fin de mars ou le commencement d'avril.

Plusieurs autres plantes viennent encore s'offrir pour améliorer, changer même absolument les paturages de la Picardie; elles se trouvent dans la classe des graminées. Telles sont le Ray-Grass (Lolium perenne. Linn). C'est l'ivraie vivace; les cultivat[illegible] donnent le nom de pain-vin, d'ivraie sauvag[illegible], de phénix, [illegible]tc.

Quoique ce gramen [illegible] mérite pas, à beaucoup près, tous les éloges que lui [illegible]nent plusieurs écrivains agronomiques, ceux surtout qui se sont attachés à faire passer parmi nous les pratiques des Anglais, il est vrai de dire cependant qu'il offre d'assez grands avantages sur la plupart des autres graminées. Il est très précoce, et c'est déjà une prérogative très précieuse; il donne un fourrage très abondant, mais fort dur, à moins qu'il ne soit coupé très jeune. Aussi ne conseillons-nous à personne de le faucher. Sa véritable destination est de servir en paturage; il dure fort longtemps, tous les animaux en sont très avides; il croît sur un grand nombre de terres, mais il ne s'élève à une grande hauteur que dans les bonnes. Celles où l'on peut l'employer avec le plus d'avantages, sont les terres maigres, très froides, qui glaceraient les racines de la luzerne et ne fourniraient pas au trèfle une nourriture assez substantielle. On le trouve très souvent, et trop souvent même, parmi les sainfoins qui tapissent les côtes crayeuses; mais il ne s'élève guère qu'à un pied dix-huit pouces au plus, et comme on coupe toujours le sainfoin trop tard, il s'en suit que le ray-grass forme un fourrage extrêmement dur, d'une mastication et d'une digestion très difficiles, et que pour cette raison, les bestiaux ont soin de le séparer du sainfoin pour le rejeter sous leurs pieds.

On se trouve bien en Angleterre de le mêler avec le trèfle. Nous n'avons pas vu, dans ce pays, un seul arpent de cette plante qui ne contint une partie plus ou moins grande de ray-grass. On se propose, à ce que nous pensons, par ce mélange d'obvier aux météorisations que le trèfle donne si souvent aux animaux, qui le mangent en vert. Mais ce mélange ne peut être avantageux qu'autant que la récolte se fait avant la sortie de l'épi. Plus tard, le fourrage est très médiocre.

Le meilleur usage qu'on puisse faire du ray-grass, c'est sans contredit de le faire paître par les moutons. MM. Delportes en ont couvert une partie de leur concession, et ils ont trouvé que leurs moutons s'accommodaient très bien de ce paturage. Cette plante deviendra très-précieuse pour la Picardie, lorsque le système de jachères, ce système qui voit tous les jours déserter quelques-uns de ses partisans, sera enfin absolument banni.

Cette désertion serait un mal et un très-grand mal, si l'on ne substituait des paturages artificiels à celui dont on priverait les moutons en leur enlevant les jachères ; on trouvera les mêmes avantages dans le fromental dont nous allons parler.

Le fromental (Avena elatior. Linn.), auquel on donne encore le nom de ray-grass. Nous avons remarqué, du moins, dans différents essais que nous avons faits de l'un et de l'autre, sur des terrains parfaitement égaux en qualité et en étendue, que le premier donnait un fourrage et plus abondant et plus agréable aux bestiaux, que le dernier qui ne s'élève jamais à la même hauteur, qui n'est pas aussi garni de feuilles et qui a besoin pour végéter d'une terre meilleure et surtout d'un terrain plus frais. Ce n'est pas cependant que le fromental réussisse bien sur les terrains secs, il n'acquiert au contraire toute sa force et son élévation que dans ceux qui sont humides.

Il croit spontanément sur les craies parmi les sainfoins. On peut en voir, cette année, une grande quantité dans ceux qui couvrent les cotes qui se trouvent entre Montdidier et Amiens. Mais la naissance spontanée des plantes, sur un terrain, n'est rien moins qu'un augure assuré de l'aptitude de ce terrain à nourrir cette plante. Rien n'est plus ordinaire, au contraire, que de voir des plantes destinées à devenir très hautes s'élever à peine sur les terres où elles sont nées spontanément.

M. Miroudot de St-Fargeu, subdélégué de Vesoul, l'un des premiers qui aient fait connaître en France la culture du fromental, lui a donné les éloges les plus magnifiques; les produits qu'il en a retirés tiennent du prodige. Il assure qu'il réussit dans toutes les terres et presque aussi bien dans les plus mauvaises que dans les meilleures.

Mais dans quel canton, M. Miroudot a-t-il fait ses expériences? c'est à Vesoul, à Vesoul dont toutes les terres sont fraîches et si substantielles que les prairies naturelles, qui entourent une partie de cette ville, sont presqu'entièrement formées de luzerne et de trèfle, qu'on n'y sème jamais et auxquels on ne donne aucun soin.

Nous n'avons vu en aucun pays, pas même dans les meilleurs cantons de la Normandie et de la Suisse, des terres aussi propres aux fourrages de toute espèce; ils y ont même une quantité si active et si nourrissante que les animaux qui s'en nourrissent sont souvent exposés à toutes les maladies pléthoriques, telles que les apoplexies, les vertiges, la cécité, les inflammations, etc.

Quoique le fromental ne mérite pas à beaucoup près les éloges que lui a donnés M. Miroudot, et qu'il ne vienne réellement très bien que dans les bonnes terres, il peut devenir cependant d'une très grande ressource pour la Picardie, lors surtout qu'on ne l'emploiera que sur les terrains trop humides pour le sainfoin et la luzerne, et trop maigres pour la luzerne et le trèfle. Il n'est pas aussi précoce que le ray-grass, qu'on doit exclure de tous les terrains qui ne sont pas naturellement humides ou faciles à abreuver à volonté.

Il existe plusieurs autres sortes de gramen dont on a

tenté de former des prairies artificielles en Angleterre, surtout en Suisse, où l'on paraît plus persuadé qu'ailleurs de la nécessité d'avoir beaucoup de fourrages pour se procurer d'abondantes récoltes.

Ces gramens sont:

1° Le Thimoty (Phleum pratense. Linn.) — On le connaît vulgairement sous les noms de Massette des Prés, de Thimotée, de grosse Massette, etc. Quelques auteurs anglais lui donnent des éloges, mais il s'en faut bien qu'on soit d'accord sur ses qualités. Il est, selon Haller, un des plus grands et des meilleurs gramens (1); il assure que sans culture, il s'élève jusqu'à trois pieds. M. Brugnone en fait le plus grand cas (2). M. Hartmann l'indique aussi comme propre à former des prairies artificielles.

Mais, les essais, faits en Angleterre même par M. Anderson, ne s'accordent pas avec ces éloges si brillants. Il la regarde, comme ayant très peu de valeur (3), et nous voyons qu'en effet sa culture ne s'est pas étendue en Angleterre, malgré les louanges enthousiastes de ses partisans, trop souvent intéressés pour être crus sur parole, en Angleterre surtout, où tout est objet de commerce. Le ray-grass paraît généralement préféré au thimoty, et nous pouvons assurer, d'après les expériences que nous avons faites nous-même sur sa culture, qu'elle ne mérite pas d'être tirée des prairies pour être cultivée particulièrement. Dans un terrain sablonneux, mais engraissé et

(1) Haller, Hist. Stirp. Helvet.

(2) Pianta che produce buonissimo et abondantissimo fieno coltivata in Inghelterrape prati artifiziali sotto il nome de Thimoty-grass. Brugnone, Trattato delle Razz. de Cavalli.

(3) Anderson, Essays relating to Agriculture. Tom. 2.

arrosé souvent, le thimoty ne s'est pas élevé au-dessus de deux pieds et demi.

2° La Fetuque rouge (Festuca rubra. Linn.) nous paraît préférable au thimoty; elle a peu de tiges et beaucoup de feuilles, caractère qui doit influer beaucoup sur le choix des plantes, qu'on veut cultiver en prairies artificielles. Ses feuilles rampantes parviennent quelquefois jusqu'à la longueur de quatre pieds. Elle est mangée avec plaisir par tous les animaux; elle est très précoce, conserve sa verdure pendant l'hiver et est très vivace. Nous l'avons trouvée très souvent dans plusieurs cantons de la Picardie; elle est, surtout, fort commune autour de la ville de Roye. Nous en avons vu aussi plusieurs traces très volumineuses dans un champ situé entre la ville d'Ardres et celle de Guisnes, à une assez petite distance de cette dernière.

Nous ne parlons de ces traces, que parce qu'elles étaient d'une grosseur extraordinaire; car ce gramen est assez commun dans presque toute la Picardie. Nous l'avons cultivé particulièrement, et il a donné jusqu'à trois coupes dans un été. Le terrain, sur lequel nous en avons fait l'essai, est un sable maigre, mais bien fumé et arrosé, ce qui nous empêche de tirer de cette expérience aucune conséquence générale.

3° Un gramen, dont la culture peut devenir plus précieuse encore que ceux dont nous avons parlé, si le cercle des jachères continue de se resserrer, c'est la Coquiole ou fetuque ovine (Festuca ovina, Linn.) C'est, de toutes les graminées, celle que les moutons mangent avec le plus d'avidité; ils la broutent jusqu'à la racine: il semble que ce soit l'aliment que leur a spécialement assigné la nature. Les naturalistes suédois sont les premiers qui en aient conseillé la culture; elle est très précoce. La propriété qu'elle a de retirer l'humidité par l'épaisseur de sa touffe, lui permet de croître sur des terrains très secs.

Nous l'avons souvent trouvée dans les craies de la Picardie et dans des terrains graveleux; elle réussit mal sur les terres très humides. La culture lui donne une force, une étendue dont on ne la croirait pas susceptible, en l'examinant dans les lieux où elle croît spontanément. On trouve assez souvent la coquiole sur les terres du haut Boulonnais. Sa culture en grand y serait d'autant plus précieuse, que ce canton abonde en moutons, qu'on fait paître sur les terres en repos, et il y en a beaucoup dans cette partie de la province, où les exploitations sont beaucoup plus étendues que ne semblent le comporter les facultés des cultivateurs.

La fétuque ovine offrira les moyens de mettre en valeur ces terres qu'on laisse reposer et de conserver cependant, et peut-être même d'augmenter les troupeaux de moutons. Nous avons aussi cultivé ce gramen et dans le même terrain que ceux dont nous avons parlé; mais la culture particulière, que nous lui avons donnée, ne nous permet pas de tirer aucune conséquence du produit qu'il nous a fourni. Ces essais n'ont d'ailleurs été faits que sur des petites portions de terre, et le désir de conserver les graines nous a privés d'une partie du fourrage.

4° La grande fétuque (Festuca elatior, Linn.) se trouve indiquée par Hartmann parmi celles qu'on cultive particulièrement pour la nourriture des bestiaux; elle paraît, en effet, mériter quelque attention. Ses touffes très épaisses sont formées de feuilles larges, longues de dix-huit pouces et fort tendres; elles n'ont que peu de tiges qui s'élèvent jusqu'à trois pieds. Dans l'essai que nous en avons fait, elle a conservé sa verdure pendant tout l'hiver, tous les animaux la mangent avec plaisir. Elle nous a paru plus difficile sur la nature du terrain que la précédente ; elle a besoin d'humidité et ne vient bien que dans les terres un peu fraîches.

5° La flouve, antoxante, chiendent odorant (Anthoxantum odoratum, Linn.) nous semble bien moins bonne. Ses touffes sont moins épaisses, ses feuilles plus grêles et plus courtes ; ses tiges très nombreuses s'élèvent peu. Elle est assez précoce, mais aussi jaunit-elle promptement. C'est, du moins, ce que nous avons observé dans l'essai que nous en avons fait, et nos observations se trouvent d'accord avec celles d'Anderson. Nous ne l'avons jamais vue, au reste, cultivée en prairies artificielles que dans les livres.

6° La fetuque flottante, manne de Pologne, de Prusse (Festuca fluitans, Linn.), semble pouvoir convenir à beaucoup de terrains de la Picardie. Ce gramen vient très bien dans les terrains noyés ; il ne vient même que dans ceux-là. Les animaux, mais les vaches surtout, en sont très avides. On le trouve très communément dans cette province. Nous en avons vu dans les fossés d'Amiens, il s'étend aussi très souvent sur les fossés dont on a tiré de la tourbe. Ce gramen pourrait avec quelque attention servir à améliorer les plantes des prairies submergées, et elles ne sont que trop communes en Picardie.

7° Le Blanchard velouté (Holcus lanatus, Linn.) se présente avec avantage. L'épaisseur de ses touffes, la longueur, la largeur, le velouté et le vert doux de ses feuilles préviennent d'abord en sa faveur ; il est précoce et conserve très longtemps sa verdure. Dans l'essai que nous en avons fait, il a résisté tout l'hiver à la rigueur du froid. Le blanchard velouté croît sur trop de terrains pour ne pas se trouver aussi en Picardie; cependant nous ne l'y avons pas rencontré. Quoiqu'il vienne assez ordinairement dans les terres assez maigres et sèches, cependant il ne réussit bien que sur celles qui ont de la fraîcheur et même du fond; sur les autres, il reste très bas, et ses feuilles paraissent en quelque sorte rabougries.

Tels sont les gramens vivaces, dont nous pensons qu'on peut tirer quelque parti pour la nourriture des bestiaux, dans la Généralité d'Amiens. Nous sommes loin cependant de conseiller d'en établir, sur le champ, la culture en grand; nous n'avons pas un assez grand nombre de faits, nous n'avons pas fait assez d'expériences pour nous croire en droit de donner ce conseil; nous nous bornons à indiquer ces plantes, qui, toutes, ont été déjà cultivées en prairies artificielles en différents lieux et dont la plupart trouveraient certainement, dans la Généralité d'Amiens, l'espèce de sol qui convient à leur végétation.

Outre ces gramens vivaces, il en est d'annuels qui peuvent servir très avantageusement à former des prairies artificielles momentanées.

Tels sont :

Le Maïs, blé de Turquie, d'Espagne, Gros-Millet (Zea, Linn.) Sa tige, dit M. Parmentier, contient une matière muqueuse, sucrée, qui la rend fort saine. On ne peut rien ajouter à ce qu'a dit ce savant estimable sur les différents emplois de ce gramen. Nous renvoyons à son mémoire, couronné le 15 août 1784 par l'Académie des sciences de Bordeaux, et à une instruction publiée par la Société d'agriculture de Paris sur la culture et l'usage du maïs en fourrage, instruction dont M. Parmentier a été le rédacteur.

Nous nous contenterons d'ajouter que l'expérience nous a confirmé l'exactitude des principes et des faits consignés dans ces deux écrits. Nous avons nourri pendant plusieurs mois un assez grand nombre de vaches avec du maïs fourrage; nous avons reconnu qu'elles en étaient très avides, quoiqu'il eut beaucoup souffert des pluies au temps de la récolte. Il a donné aux unes plus d'embonpoint, et aux autres plus de lait qu'elles n'en avaient auparavant. L'emploi du maïs, comme fourrage, nous paraît celui qui lui convient le mieux en Picardie, dont la température est trop froide en général, pour qu'on puisse compter, année commune, sur sa maturité.

Toutes les espèces de gramens, qui servent à la nourriture de l'homme peuvent être employés avec avantage, soit seules, soit mêlées, à former des prairies momentanées. L'avoine, l'orge, le seigle, le blé coupé en vert fournissent un fourrage excellent pour toutes les espèces de bestiaux. Les Romains, qui connaissaient si bien de quelle importance il était d'avoir beaucoup de fourrage, faisaient grand cas de celui-ci et y employaient une partie de leurs terres (1). C'est surtout pendant l'hiver, lorsque toute autre nourriture verte était interdite, que cette ressource devenait très précieuse; les champs paturés n'en donnaient pas moins une bonne récolte de grains, moyennant l'attention d'en retirer les bestiaux aux calendes de mars.

(1) Ea (farrago) fit optima, cum cantherini ordei decem modiis jugerum obseritur... Nam frigoribus cum alia pabula defecerunt, ea bubus cæterisque pecudibus optime desecta præbetur, et si depascere sæpius voles, usque in mensem maïum sufficit. Quod si etiam semen voles ex eâ percipere, a calend. Martiis pecora depellenda. Colum. Lib. II. Cap. X.

(Ces fourrages sont très-bons, lorsqu'on ensemence un jugerum avec dix modii d'orge cautherinum... Lorsque les autres fourrages viennent à manquer à cause du froid, celui-ci fournit, étant coupé, une très-bonne nourriture pour les bœufs et les autres bestiaux. Fréquemment paturé, il dure

MM. Delportes, que nous citons souvent, parce que nous ne connaissons personne qui ait fait autant d'essais en tout genre, MM. Delportes ont fait pâturer cet hiver leurs blés par leurs moutons. A l'époque où nous avons vu ces blés, il ne nous a pas été possible de juger des effets de cette pratique, mais nous sommes persuadés qu'ils ne peuvent être qu'avantageux. Nous avons vu en plusieurs cantons de la Picardie du seigle semé avec de l'hivernage. Cette pratique paraît bonne ; les plantes sarmenteuses ont besoin d'un appui pour s'élever ; les vrilles, ces espèces de mains que leur a données la nature, indiquent la nécessité de les étayer.

Rien ne nous paraît aussi propre à remplir cet objet que le seigle, qui lui-même augmente et la quantité et la qualité du fourrage. L'avoine peut être employée au même usage, surtout dans les craies, où elle réussit mieux que le seigle.

Il existe une variété de ce dernier grain, qui paraît bien plus propre que le nôtre à former des prairies momentanées ; il est connu sous le nom de *Seigle de Saint-Jean, du Nord, de Sibérie, d'Allemagne* etc. Nous l'avons vu cultiver en grand dans quelques cantons d'Allemagne, et surtout dans le margraviat de Bade. Il se sème dans les derniers jours de juin ou les premiers de juillet ; on le fauche une première fois en automne, et une seconde fois

jusqu'au mois de Mai. Si l'on veut tirer de la graine de ces herbages, il faudra, dès les calendes de Mars, empêcher les bestiaux d'en approcher.) Traduction de Nisard.

Similis ratio avenæ est... quæ autumno sata. Partim cœditur in fœnum vel pabulum, dum adhuc viret; partim semini custoditur. Colum. Ibid.

(Il en est de même de l'avoine, que l'on doit semer en automne, et dont on fauche une partie, soit pour en faire du foin, soit pour en faire manger, tandis qu'elle est en vert. On en conserve une autre partie pour la semence). Traduction de Nisard.

au printemps. Si on préfère le faire paître pendant l'hiver, on retire les bestiaux à la fin de mars, et il donne une belle récolte en juin.

Nous avons nous même cultivé ce grain, et nous avons obtenu de sa culture les mêmes résultats que ceux dont nous avons été témoin en Allemagne. Semé le 9 juillet 1786, il a été coupé le 10 septembre suivant; il avait alors 15 à 20 pouces de haut. Le 14 novembre, il a été coupé une seconde fois; il avait de 10 à 12 pouces. En ce moment, il a près de six pieds de haut, et ses épis sont très longs.

Si l'on demande pourquoi une variété de seigle aussi précieuse n'est pas préférée à la nôtre, nous donnerons la réponse qu'on nous a faite en Allemagne à la même question. A l'époque où il faut le semer (juin), il est rare et assez difficile d'avoir des terres préparées à le recevoir; les travaux de la moisson tiennent alors tous les bras occupés; ce seigle est d'ailleurs plus petit que le nôtre et sa farine, moins blanche, donne aussi du pain moins bon.

Nous avons suivi plusieurs essais de prairies momentanées. Les unes ont très bien réussi; d'autres ont échoué par l'excès de chaleur. On doit, en général, se régler pour ces sortes de semis, comme pour tous les autres essais, sur la nature de son terrain, et la température du pays qu'on habite.

Les papiers publics ont publié deux essais faits à Saint-Germain-en-Laye, l'un par M. Lebreton, correspondant de la Société royale d'agriculture de Paris, l'autre par M. Basile, régisseur de Monseigneur le Comte d'Artois, dont le succès doit engager les cultivateurs à répéter ces expériences qui, si elles réussissent, leur produiront des avantages infiniment précieux.

C'est surtout pour l'hiver que les prairies momentanées dont nous venons de parler offrent aux bestiaux des secours utiles; on peut cultiver dans les mêmes vues diverses plantes dont nous offrons l'énumération.

1° La grande Pimprenelle (sanguisorba major rigida. Linn.) C'est en Angleterre qu'elle a commencé à être cultivée en prairies artificielles; mais il s'en faut bien qu'on y soit d'accord sur son mérite, quoique tous les auteurs français qui, depuis quelques années, ont écrit sur l'agriculture, se soient attachés à préconiser cette plante, dont, à les entendre, on croirait que toutes les campagnes sont couvertes en Angleterre. Nous pouvons assurer, d'après les recherches que nous y avons faites nous mêmes, que sa culture y est encore renfermée dans les bornes de quelques essais. L'oracle de l'agriculture de cette nation, M. Young, attribue les éloges outrés, donnés à cette plante, aux vues intéressées d'un marchand de graines et de ses amis (1). Miller la regarde comme une très mauvaise plante, et il élève des doutes sur les connaissances agricoles de ses partisans, mais Miller n'est pas lui-même à l'abri d'un reproche chez ses compatriotes, qui, au reste, lui rendent justice sur ses connaissances botaniques.

Pour juger nous mêmes du mérite de cette diversité d'opinions, nous avons cultivé la pimprenelle. Le seul avantage que nous lui connaissons, c'est de croître assez bien sur des terrains très maigres, et de végéter sur la neige. Elle offre pendant l'hiver, aux moutons, un pâturage que nous croyons très sain; quelques auteurs ont même prétendu qu'elle était un excellent spécifique contre

(1) The farmers tour through the east of England. Page 135.

la pourriture, mais l'expérience n'a pas encore confirmé cette assertion (1).

La pimprenelle donne beaucoup de tiges assez dures et peu de feuilles. Tous les animaux, auxquels nous l'avons offerte verte, l'ont mangée avec plaisir; presque tous l'ont refusée sèche, ce qui nous détermine à ne conseiller cette plante qu'au paturage. Quoiqu'elle réussisse mieux dans les terrains humides que dans les secs, nous l'avons vue cependant assez belle sur des craies en Champagne, en Bourgogne et en Picardie. Elle n'a besoin pour végéter que de fort peu de terre; elle tapisse souvent les vieux murs bâtis à chaux et à sable; elle s'engage entre les assises des pierres, et ses racines s'y enfoncent très avant. Elle tapisse si exactement tous les murs de fortification de Belfort en Alsace, qu'on ne les aperçoit pas. Nous y avons enlevé des touffes qui pesaient jusqu'à neuf onces et demie.

Nous avons vu quelques essais de pimprenelle chez MM. Delportes; nous avons remarqué avec étonnement, qu'abandonnée aux moutons, ils n'y avaient pas touché, mais il faut dire qu'ils trouvaient à côté une nourriture abondante dans une luzernière qu'on leur avait abandonnée au même temps, en sorte que cette observation ne prouve rien autre chose, sinon que les moutons préfèrent la luzerne à la pimprenelle. Quoiqu'il en soit, nous pensons

(1) On la trouve dans le traité des prairies artificielles de M. de Mantes. P. 33. Si cette propriété était constatée, elle assignerait à la pimprenelle un rang très-distingué parmi les plantes utiles, la pourriture ou cachexie aqueuse étant un des plus grands fléaux des bêtes à laine. Outre que cet effet parait s'accorder assez bien avec la connaissance des propriétés médicales de cette plante, nous avons remarqué que la pourriture était réellement fort rare dans tous les lieux, où la pimprenelle croissait abondamment dans les paturages. Mais il est très possible aussi que la même cause, qui fait croître la pimprenelle, éloigne la pourriture.

qu'elle peut très-bien concourir avec le sainfoin à décorer les côtes et les plaines crayeuses de la Picardie. Elle aurait même sur lui l'avantage d'être d'une durée bien plus longue, mais nous voudrions qu'on la fit paturer sur le champ, et qu'on renonçat à en faire du foin, qui nous a toujours paru d'une qualité médiocre, pour ne pas dire très-mauvaise.

2° La Spergule ou Epargoutte (Spergula arvensis, Linn.) C'est de toutes les plantes dont les modernes ont imaginé de former des prairies artificielles, celle à laquelle ils ont prodigué les éloges les plus magnifiques. Si on consulte les livres sur ses propriétés, elle offre à tous les animaux domestiques, sans exception, quadrupèdes, volatiles, insectes même, la nourriture la plus abondante, la plus appétissante, la plus salubre. Point de plante, qui donne autant de force aux chevaux, de lait aux vaches, de graisse aux cochons, d'œufs aux poules, de miel aux abeilles. La culture, les qualités du sol, les variations dans la température de l'atmosphère, tout lui est si parfaitement indifférent, qu'elle paraît, dit l'auteur du guide du fermier, créée par la nature pour qu'il n'y eut pas un seul angle de terre inculte.

Malgré tant de beaux éloges, la spergule est toujours concentrée dans quelques cantons du Brabant et de la Hollande, ou même nous savons que depuis quelques années sa culture a été considérablement resserrée par celle de la luzerne, qui y était inconnue. Nous avons souvent herborisé la spergule, mais toujours dans les bois, sur des terrains couverts, abrités, très riches en humus. Nous l'avons rencontrée dans quelques cantons du Calaisis et du Marquenterre. Ces terrains ont, en effet, une assez grande ressemblance avec ceux des Pays-Bas, et nous pensons qu'on pourrait y introduire la culture du spergule avec quelqu'avantage. Nous y joindrions encore, mais par analogie seulement, une partie du bas Boulonnais. Nous disons par analogie seulement, parce que nous n'y avons jamais vu de spergule. MM. Delportes en ont couvert, cette année, plusieurs arpents de leur concession.

Cette plante est annuelle et par conséquent ne dérange point l'ordre des soles. On peut la semer à toutes les époques de l'année, à moins qu'on ne la réserve pour la graine, dans lequel cas on la sème au printemps. Elle forme un très bon aliment pour les vaches, auxquelles elle fournit un lait très riche en crême, et dont on fait le beurre si connu en Hollande sous le nom de *beurre de Spergule.* Mais nous le répétons, et d'après notre propre expérience et d'après celle des autres, ce serait en vain qu'on chercherait à cultiver cette plante sur des terrains qui n'auraient pas d'analogie avec ceux de la Flandre et du Brabant. (1) Nous en avons suivi l'année dernière, et nous en suivons encore celle-ci, des essais dont nous n'avons pas lieu d'être très-satisfaits, quoiqu'ils soient faits sur un terrain bien préparé et arrosé; il est vrai qu'il est très

(1) M. le chevalier de Brulart, capitaine au régiment de Lyonnais, frappé des avantages qu'il avait reconnus à la spergule dans plusieurs parties de la Flandre où il s'était trouvé en garnison, a essayé vainement de la cultiver en Champagne, sur une terre à blé très-bien préparée. Nous pensons qu'en général, on ne peut être trop en garde contre les éloges donnés tant aux végétaux qu'aux animaux importés des Pays bas, l'expérience nous ayant appris qu'ils dégénéraient bientôt, si le lieu où l'on fait l'importation n'a pas une parfaite analogie avec celui dont ils sortent. Les vaches flamandes et hollandaises, exportées, font une énorme consommation de fourrage et restent toujours maigres. Les moutons du Texel, tant vantés par les agronomes, ont dégénéré dans tous les pays où on les a transportés. Nous ne connaissons que les marais desséchés de la Charente, où ils se soient soutenus pendant quelque temps; encore y ont-ils dégénéré, aussitôt qu'on a cessé de leur donner des soins particuliers.

léger et assez maigre, ce qui l'éloigne infiniment de celui des Pays-Bas.

Le Plantin à cinq côtes (Plantago lanceolata, Linn.) est cultivé en prairies artificielles dans quelques cantons de l'Angleterre, où nous l'avons vu. Nous n'en connaissons aucun essai, fait en Picardie ou dans aucune autre partie de la France. Nous l'avons cultivé, en petit, dans le terrain dont nous avons indiqué plus haut la qualité. Les plantes les plus hautes avaient environ trente pouces; elles ont cessé de croître au commencement de juin 1786, que l'épi s'est montré. Coupées à cette époque, elles ont donné des jets qui, le 24 septembre, avaient de dix à quinze pouces. Le sol, qui convient le mieux au plantin, est léger, spongieux, frais sans être humide; il périt dans les terres trop sèches et plutôt encore dans les terres compactes, telles que les argileuses. Il est fort commun en Picardie dans les prés terreux. Anderson, que nous avons déjà cité et dont l'autorité est pour nous d'un très grand poids, parce qu'il porte dans ses recherches une bonne foi qui manque très souvent aux faiseurs d'expériences, Anderson fait grand cas du plantin dont il conseille la culture. Comme elle est très bornée en Angleterre même, nous sommes bien éloignés de la conseiller en grand.

Le Panais (Pastinaca sativa, Linn.), le chou, et surtout le chou cavalier (Brassica semper virens), le chou rave (Brassica oleracea gongilodes), le chou navet (Napo brassica), la betterave (Beta rubra vulgaris) peuvent aussi être cultivés dans plusieurs cantons pour la nourriture des bestiaux, mais leur culture exige des soins particuliers, que les cultivateurs ont rarement le moyen de leur donner. Il s'en faut bien d'ailleurs qu'on soit d'accord sur les avantages de ces plantes, et quoique nous les ayons cultivées, et que nous en ayons même retiré un produit assez considérable, nous nous contenterons de les indiquer, nos expériences n'ayant pas été faites assez en grand pour en tirer des conséquences applicables à une aussi grande province que la Picardie.

L'Académie ne paraît avoir exigé, d'ailleurs, qu'une indication des plantes dont on peut y introduire la culture pour la nourriture des bestiaux. Nous croyons cependant devoir nous étendre un peu davantage sur une espèce de betteraves, dont les papiers publics ont annoncé les avantages depuis quelque temps et dont le Gouvernement a cru devoir propager la culture par une distribution gratuite de graines.

La betterave champêtre (Beta cicla altissima, Linn.), connue encore sous les noms de Turneps, de Racine de Disette, de Diek-rubren, de Diek Ivurzel, de Mangel Wourzel, etc., est une grosse betterave qui pèse communément de neuf à dix livres. Ses feuilles et ses racines servent également à la nourriture des bestiaux. Les premières donnent jusqu'à cinq ou six récoltes. On a assuré que les racines étaient aussi bonnes pour les hommes que pour les animaux. Les derniers seraient sûrement à plaindre, s'ils y trouvaient le goût qu'elle nous a paru avoir, préparée de plusieurs façons. Mais sans doute, il en est autrement, car nous avons récolté depuis deux ans plusieurs milliers de racines, que nous avons fait consommer par des vaches, qui s'en sont très bien accommodées, et il nous a paru que cette nourriture leur convenait beaucoup. Elle a d'abord fait diminuer le lait, comme toutes les nourritures nouvelles, mais bientôt après, il a augmenté au point de devenir plus abondant qu'avant l'époque du changement de nourriture.

Nous ne connaissons, en Picardie, que les Chartreux d'Abbeville qui aient récolté des betteraves champêtres. Ils avaient employé à cette culture environ un demi arpent de terre; les racines avaient de trois à quatre pouces de diamètre: elles seraient certainement devenues plus grosses, si elles eussent reçu la culture convenable. C'est d'ailleurs un point essentiel que d'enlever les feuilles pour se procurer des racines très grosses, et cette attention a été ignorée ou négligée par les Chartreux.

Quoique la culture de la betterave champêtre soit un peu compliquée et difficile à pratiquer en grand, cependant le produit, en quelque sorte prodigieux de ses racines, l'abondante nourriture qu'elle fournit aux bestiaux, nous détermine à la conseiller dans toute la Picardie, dont la température lui est certainement favorable, cette plante étant originaire du Nord, où elle parvient à une grosseur prodigieuse.

Nous renvoyons pour tous les autres détails relatifs à cette plante à un mémoire de M. de Thosse, inséré dans le Journal polytype du 1er mars 1786, à une lettre anonyme d'Alsace aux auteurs du même Journal, le 31 mai de la même année, à un *Mémoire et Instruction sur la culture, l'usage et les avantages de la Racine de Disette*, publié par M. l'abbé de Commerell (1). Quoique cette racine n'ait qu'une partie des avantages qu'on lui a attribués, elle en présente assez pourtant pour mériter la reconnaissance publique à ceux qui en ont conseillé la culture.

Une autre plante qui, selon nous, est bien supérieure encore à la betterave champêtre, c'est la pomme de terre: elle réussirait très bien dans un grand nombre de cantons

(1) Paris, chez Buisson, libraire, rue des Poitevins.

de la Picardie. Les animaux, qui la refusent d'abord, s'en accommodent bientôt, au point de négliger pour elle toutes les autres espèces d'aliments. MM. Delportes, toujours les premiers à donner l'exemple, nourrissent depuis plusieurs hivers leurs moutons avec des pommes de terre ; il n'y a point de végétal qui craigne aussi peu l'intempérie des saisons, et dont le profit soit plus sûr et plus grand. Il est bien étonnant que la nature de cette plante soit si peu connue en Picardie. Comme nous ne pourrions rien dire relativement à ses avantages, aux différents usages auxquels on peut l'employer, à la culture qu'elle exige, etc., qui ne se trouve exposé, très au long et d'après les lumières d'une expérience consommée, dans les ouvrages de M. Parmentier, nous y renvoyons pour ne pas charger ce mémoire, déjà trop volumineux, de détails qui, s'ils n'étaient pas une répétition de ce qu'a publié ce savant, ne seraient certainement pas aussi satisfaisants.

Nous terminerons l'examen des plantes dont la culture peut être introduite en Picardie par celui d'un arbuste qui, dans quelques provinces de France, est d'une grande ressource, surtout pendant l'hiver.

Le genêt épineux ou jonc marin, ajonc, jan (Ulex europæus, Linn.) forme une branche considérable de la nourriture des bestiaux en Normandie, et spécialement dans le Bocage, en Poitou, dans le Maine et la Bretagne, où nous avons étudié avec attention la manière de l'employer. Il offre l'avantage, et c'en est un, selon nous, très considérable, de lier en quelque sorte le régime sec avec le régime vert, dont la transition trop brusque donne lieu trop souvent à des accidents très dangereux.

C'est l'hiver, et ce n'est même que l'hiver, qu'on le

donne aux animaux, ses tiges conservant toujours leur verdure. On les coupe chaque jour, et on les administre fraîches, après les avoir écrasées sous un maillet de bois, pour émousser les piquants dont elles sont armées. Tous les animaux le mangent avec plaisir, mais les chevaux surtout en font leur aliment favori. Dans les pays où l'on fait le cidre, nous avons vu écraser le genêt sous la meule, ce qui est beaucoup plus expéditif.

On tond ordinairement deux fois les souches de genêt épineux. La première coupe se fait à l'entrée de l'hiver, et la seconde, vers la fin. On prévient toujours le temps de la floraison, afin que les tiges soient moins dures et les pointes plus faciles à émousser. Quoiqu'il ne soit pas très difficile sur la nature du sol, il ne vient cependant pas sur tous indistinctement. Celui, qui nous paraît lui convenir le mieux, est un sable un peu gras, sur lequel les couches de terres inférieures conservent un peu d'humidité.

Cet arbuste n'est pas très rare en Picardie. Nous en avons vu de planté dans une haie sèche, qui sert de cloture au jardin d'une maison située sur le bord des fossés du faubourg de Beauvais, aux portes d'Amiens ; il est semé de l'année dernière, il est très bien pris et paraît végéter avec force.

M. Dargœuve, capitaine de dragons, demeurant à Amiens, a fait venir cette année de Normandie de la graine de genêt épineux, pour en former des remises; il en eut pu trouver beaucoup plus près. Nous connaissons des remises, qui en sont presqu'entièrement formées entre Cuvilly et Gournay, sur les limites des généralités d'Amiens et de Soissons.

Nous en avons vu encore beaucoup dans le Boulonnais

(1) ; mais le plus grand que nous ayons rencontré en Picardie se trouve sur les fossés de Bellancourt, auprès de la grande route, à une lieue au sud d'Abbeville. Cette plante étant indigène en Picardie, et y parvenant sans culture à une assez grande hauteur, tout annonce qu'elle peut y être cultivée avec beaucoup d'avantage, et elle le sera certainement, lorsque les cultivateurs seront convaincus de l'importance d'avoir des nourritures fraîches à donner aux bestiaux pendant l'hiver.

Nous pourrions ajouter, à l'énumération que nous venons de faire, les astragales et surtout l'astragal-orglisse (astragalus glycyphyllos), dont il a été fait quelques essais en Lorraine, il y a plusieurs années; la chicorée sauvage (Cichorium intybus, Linn.), la mille feuille (Achillea millefolia, Linn.) et quelques autres plantes encore qu'ont célébrées quelques partisans des nouveautés.

Mais, l'abandon qu'en ont fait ceux mêmes qui paraissaient les plus ardents à en faire adopter la culture, et nos propres observations sur le mérite de ces plantes cultivées séparément et avec beaucoup de soins, nous ont convaincus que les éloges qu'on leur avait donnés étaient au moins exagérés, et qu'elles ne méritaient pas d'être tirées du milieu des plantes agrestes, pour être semées seules, les unes, parce qu'elles sont trop dures, les autres, parce qu'elles n'ont que des tiges et point de feuilles, d'autres encore, parce qu'elles exigent un sol trop substantiel et une culture trop compliquée pour le commun des agriculteurs, qui sont ceux dont il importe le plus d'accroître

(1) Les Chartreux de Neuville, auprès de Montreuil, ont cultivé en grand le genêt épineux pour les moutons; on nous a assuré qu'ils s'en étaient bien trouvés. Mais nous ne l'avons pas vu, et ce n'est pas d'eux que nous tirons ce fait.

les ressources, d'autres enfin parce que l'épaisseur de leurs feuilles en rend la dessication trop difficile et souvent même impossible en grand.

Nous pensons d'ailleurs que les plantes, dont nous avons conseillé la culture, peuvent répondre à toutes les indications, qu'il y en a pour tous les sols, pour toutes les expositions, toutes les températures, toutes les constitutions, toutes les espèces de bestiaux, tous les états enfin tant naturels qu'accidentels, par lesquels ils passent pendant le cours de leur service, et il ne finit qu'avec leur vie.

Nous terminerons donc cet article par l'application de ce passage de Columelle, qui paraît si bien convenir à la circonstance :

*Reliquæ species, nisi si quos multiplex varietas frugum et inanis delectat gloria, supervacuæ sunt.* (Colum. Lib. II. Cap. VI). (1)

(1) Les autres espèces ne sont d'aucune utilité, et ne peuvent intéresser que les personnes, qui cherchent la vaine gloire d'en posséder la plus grande variété. Traduction de Nisard.

## CONCLUSION

Tel est le résultat des recherches que nous avons faites, pour parvenir à la solution des questions intéressantes, proposées par l'Académie d'Amiens.

Nous avons d'abord déterminé la proportion qui existe, dans toute la Généralité d'Amiens, entre les terres labourables et les prairies tant naturelles qu'artificielles, et pour que ce rapport fut aussi près de la vérité qu'il était possible, nous l'avons établi sur celui que nous avons trouvé dans un très grand nombre d'exploitations, prises indistinctement dans toutes les parties de cette Généralité. Nous avons fait plus, pour mettre nos juges à portée de s'assurer de l'exactitude de nos résultats, nous en avons présenté les pièces justificatives dans un tableau, que nous avons joint à ce mémoire.

Le rapport entre les herbages et les terres une fois déterminé, nous avons recherché s'il était dans les proportions les plus convenables; nous avons exposé la série des éléments, des principes, qui nous semblaient devoir servir de guides dans cette recherche, et à l'aide de ces éléments, de ces principes, nous avons démontré qu'il y avait en Picardie un déficit considérable dans les prés, tant naturels qu'artificiels.

Nous sommes passé, de là, à l'énumération des avantages, qui nous paraissent devoir résulter de l'extension de ces prairies, et nous avons eu soin que notre opinion fût toujours étayée par des faits, des faits multipliés, des faits pris dans la Généralité même.

C'est par des faits encore, des faits authentiques que nous avons démontré que le peu d'aisance des cultivateurs dans les pays à blé n'était dû qu'au défaut d'herbages, et conséquemment de bestiaux et d'engrais. Pour établir cette preuve d'une manière irrévocable, nous avons comparé entre elles plusieurs parties de cette province, et la province elle-même avec quelques autres. Tous les faits que nous avons observés et apportés à l'appui de notre sentiment, nous ont montré qu'il était très facile d'en rendre raison par les principes naturels de l'ordre économique.

C'est encore à l'expérience, plus qu'au raisonnement, que nous avons eu recours, pour faire connaître les moyens qui semblent les plus propres à établir, en Picardie, la proportion dont résulteraient tant d'avantages. Nous avons tâché que les moyens indiqués fussent applicables aux lieux pour lesquels nous les avons indiqués. Nous avons offert le tableau d'un très grand nombre de circonstances, qui nous ont paru modifier ces moyens, et nous n'avons rien négligé, pour faire connaître au cultivateur les ressources abondantes qu'il a sous la main et qu'il ignore ou qu'il oublie, et pour lui inspirer le désir de les employer.

Enfin, à l'énumération tant des plantes cultivées actuellement en prairies artificielles dans la Généralité d'Amiens, que de celles dont il serait possible et avantageux d'y introduire la culture, nous avons joint un examen du mérite de chacune d'elles; nous avons indiqué l'espèce de sol qui leur convient le mieux, et les cantons de la Picardie où nous avons rencontré ce sol. Uniquement attachés à la recherche de la vérité, les éloges pompeux et enthousiastes prodigués de nos jours à certaines plantes ne nous ont point séduits. Nous avons tâché de leur assigner le rang que méritait chacune d'elles, à raison de son utilité. Quoique nous ayons souvent cité et l'agriculture des anciens et celle de plusieurs autres provinces de

France, et même de quelques royaumes éloignés de la Picardie, nous ne l'avons cependant jamais perdue de vue, et ce n'est que pour lui rapporter quelques nouvelles richesses, quelques pratiques utiles, que nous nous sommes permis de nous en écarter quelquefois.

Mais c'est trop parler de ce que nous avons fait. Personne ne sait, mieux que nous, combien nous sommes loin d'avoir fait assez pour remplir les vues de l'Académie. Heureux si elle trouve, du moins, dans ces recherches, quelques-unes des données, qui peuvent conduire à la solution des questions qu'elle a proposées.

Quelque soit son jugement sur ce travail, elle ne pourra toujours que nous savoir gré du motif qui nous l'a fait entreprendre, et si elle refuse à nos talents le prix qu'elle voudrait pouvoir accorder à notre zèle, nous trouverons notre consolation dans ce sentiment aussi bien exprimé d'un ancien philosophe :

*Non tam turpe vinci quam contendere decorum.*

# TABLEAU COMPARATIF

## DES TERRES LABOURABLES, DES HERBAGES NATURELS ET ARTIFICIELS, DE LEUR PRODUIT, DES BESTIAUX, DE LEUR CONSOMMATION, DE L'ENGRAIS QU'ILS FOURNISSENT, DE SA DISTRIBUTION PAR ARPENT, DE SA DURÉE DANS TOUTE LA GÉNÉRALITÉ D'AMIENS.

| ÉLECTIONS ET PAYS RECONQUIS | NOMS DES FERMES | NOMS DES COLONS OU PROPRIÉTAIRES | DISTRIBUTION DES TERRES PAR ARPENT DE ROI OU 48.400 PIEDS CARRÉS (1) | | | | | | DÉNOMBREMENT DES BESTIAUX | | | | PRODUIT D'UN ARPENT DE PRAIRIE EN POIDS DE MARC | | | | | CONSOMMATION EN FOURRAGES d'une tête de bétail | ENGRAIS QUE DONNE PAR AN une tête de bétail | ENGRAIS NÉCESSAIRE SUR CHAQUE ARPENT | DURÉE des effets de l'engrais |
|---|---|---|---|---|---|---|---|---|---|---|---|---|---|---|---|---|---|---|---|---|---|
| | | | LABOURABLES EMPLOYÉES EN CÉRÉALES | PRÉ NATUREL | LUZERNE | TRÈFLE | SAINFOIN | VESCE, POIS, [illegible] | [illegible] ET POULAINS | VACHES ET VEAUX | COCHONS | MOUTONS | PRÉ NATUREL | LUZERNE | TRÈFLE | SAINFOIN | VESCE, POIS, BISAILLE, etc. | | | | |
| | | | | | | | | | | | | | livres | livres | livres | livres | livres | livres | livres | livres | ans |
| Montdidier | Bellicourt, p. Cuvilly | La Commanderie de Fontaines | 255 | 0 | 2 | 0 | 46 | [illegible] | [illegible] | 10 | 0 | 0 | 2000 | 2500 | 0 | 1600 | 2000 | 4000 | 35000 | 34000 | 3 |
| | Séchelle, près Cuvilly | M. Hérault, avocat général | 270 | 24 | 25 | 0 | 15 | [illegible] | [illegible] | 15 | 0 | 150 | 2500 | 2800 | 0 | 1600 | 0 | 4000 | 35000 | 38000 | 3 |
| | Rollot | M. le duc de Liancourt | 135 | 6 | 0 | 2 | 0 | [illegible] | [illegible] | 7 | 10 | 200 | 2000 | 0 | 3500 | 0 | 1800 | 3500 | 30000 | 36000 | 3 |
| | Ménévillers | Les Prémontrés de St-Martin-aux-Bois | 300 | 18 | 0 | 4 | 12 | [illegible] | [illegible] | 18 | 12 | 230 | 2400 | 0 | 3000 | 2600 | 1500 | 4500 | 28000 | 35000 | 3 |
| | Le fiel Vendel | M. Crépy, entrepr des travaux du Roi à Valenciennes | 160 | 5 | 5 | 0 | 0 | [illegible] | [illegible] | 28 | 20 | 0 | 2600 | 4000 | 0 | 0 | 2000 | 3600 | 32000 | 36000 | 3 |
| | La Villetté-lès-Rollot | MM. de Saint-Corneille, de Compiègne | 16 | 3 | 0 | 0 | 0 | [illegible] | [illegible] | 6 | 4 | 0 | 1800 | 0 | 0 | 0 | 2000 | 3400 | 30000 | 38000 | 3 |
| | Piennes | L'Hôtel-Dieu. — M. Lefebvre, fermier | 70 | 2 | 1 | 0 | 1 | [illegible] | [illegible] | 7 | 8 | 0 | 2200 | 3700 | 0 | 2500 | 1600 | 4000 | 26000 | 34000 | 3 |
| | Piennes | M. le duc d'Aumont. — M. Liennard, fermier | 1000 | 33 | 0 | 0 | 0 | [illegible] | [illegible] | 50 | 60 | 400 | 2600 | 0 | 0 | 0 | 2200 | 4400 | 28000 | 38000 | 3 |
| | Saint-Martin-aux-Bois | Le Collège de Louis-le-Grand. — M. Levasseur, fermier | 180 | 0 | 2 | 0 | 0 | [illegible] | [illegible] | 13 | 12 | 100 | 0 | 4000 | 0 | 0 | 1600 | 3500 | 24000 | 35000 | 3 |
| | Tricot | M. le Cte d'Armanville. M. de St-Fuscien. — M. Tavernier, fer | 52 (5) | 0 | 3 | 3 | 0 | [illegible] | [illegible] | 6 | 12 | 0 | 0 | 4200 | 3400 | 2800 | 1800 | 3800 | 36000 | 35000 | 3 |
| | Tricot | M. le duc de Liancourt. — M. Beudin, fermier | 132 | 5 | 3 | 0 | 0 | [illegible] | [illegible] | 12 | 8 | 100 | 2500 | 4000 | 0 | 0 | 2000 | 4000 | 30000 | 36000 | 3 |
| | Mesnil-Saint-Georges | M. le duc d'Aumont. — M. Debourge, fermier | 300 | 0 | 11 | 10 | 30 | [illegible] | [illegible] | 10 | 15 | 80 | 0 | 3800 | 3600 | 2650 | 1500 | 4200 | 24000 | 36000 | 3 |
| | La Morlière | M. l'abbé de Béon. — M. Côme, fermier | 400 | 0 | 3 | 9 | 9 | [illegible] | [illegible] | 15 | 16 | 150 | 0 | 4200 | 3500 | 2000 | 1800 | 3600 | 28000 | 38000 | 3 |
| | Levremont | L'abbaye de Frémont. — M. Mayeux, fermier | 200 | 0 | 7 | 4 | 30 | [illegible] | [illegible] | 15 | 0 | 200 | 0 | 4000 | 3200 | 2400 | 2000 | 4400 | 32000 | 39000 | 3 |
| | La Fosse-Thibault | L'abbaye de Frémont. — M. Tranoy, fermier. | 380 (6) | 0 | 4 | 16 | 30 | [illegible] | [illegible] | 28 | 24 | 240 | 0 | 3600 | 3400 | 2800 | 1600 | 3500 | 25000 | 40000 | 3 |
| | Les Granges p. Roye | Le Chapitre d'Amiens | 390 | 5 | 2 | 9 | 9 | [illegible] | [illegible] | 15 | 30 | 300 | 2200 | 4000 | 4000 | 2600 | 2000 | 4500 | 30000 | 36000 | 3 |
| | Ployron | M. le comte d'Armentières. — M. Dumouy, fermier. | 800 | 0 | 27 (7) | 5 | 15 | [illegible] | [illegible] | 24 | 40 | 600 | 0 | 5000 | 4000 | 2800 | 2200 | 4000 | 34000 | 35000 | 3 |

| ÉLECTIONS ET PAYS RECONQUIS | NOMS DES FERMES | NOMS DES COLONS OU PROPRIÉTAIRES | DISTRIBUTION DES TERRES PAR ARPENT DE ROI OU 48.400 PIEDS CARRÉS (1) | | | | | | DÉNOMBREMENT DES BESTIAUX | | | | PRODUIT D'UN ARPENT DE PRAIRIE EN POIDS DE MARC | | | | | CONSOMMATION EN FOURRAGES d'une tête de bétail | ENGRAIS QUE DONNE PAR AN une tête de bétail | ENGRAIS NÉCESSAIRE SUR CHAQUE ARPENT | DURÉE des effets de l'engrais |
|---|---|---|---|---|---|---|---|---|---|---|---|---|---|---|---|---|---|---|---|---|---|
| | | | LABOURABLES EMPLOYÉES EN CÉRÉALES | PRÉ NATUREL | LUZERNE | TRÈFLE | SAINFOIN | VESCE, POIS, [illegible] | [illegible] ET POULAINS | VACHES ET VEAUX | COCHONS | MOUTONS | PRÉ NATUREL | LUZERNE | TRÈFLE | SAINFOIN | VESCE, POIS, BISAILLE, etc. | | | | |
| | | | | | | | | | | | | | livres | livres | livres | livres | livres | livres | livres | livres | ans |
| Péronne | Berune | M. de Piedfort | 200 | 0 | 4 | 8 | 0 | [illegible] | [illegible] | 17 | 12 | 189 | 0 | 4000 | 3400 | 2600 | 1500 | 3800 | 28000 | 38000 | 3 |
| | Paulliers | M. de Piedfort | 250 | 0 | 11 | 8 | 0 | [illegible] | [illegible] | 12 | 3 | 150 | 0 | 3800 | 3400 | 0 | 1800 | 4000 | 30000 | 36000 | 3 |
| | Cartinges | M. de Bray | 260 | 0 | 0 | 10 | 7 | [illegible] | [illegible] | 18 | 13 | 177 | 0 | 3600 | 3000 | 2800 | 2000 | 4000 | 26000 | 34000 | 3 |
| | Heilly | Jean-B. Dervillers | 200 (8) | 12 | 2 | 12 | 16 | [illegible] | [illegible] | 12 | 7 | 130 | 2500 | 4000 | 3200 | 2400 | 1700 | 3600 | 28000 | 36000 | 3 |
| | Bonnay | François Bouvry | 150 | 8 | 0 | 4 | 12 | [illegible] | [illegible] | 7 | 7 | 80 | 2600 | 0 | 3400 | 2400 | 1800 | 3800 | 31000 | 35000 | 3 |
| | Mametz, près Albert | Le Maire, fermier<br>M. Jourdain de Tilleuloy, pre | 150 | 0 | 5 | 5 | 6 | [illegible] | [illegible] | 8 | 8 | 90 (9) | 0 | 4000 | 3800 | 2500 | 1800 | 3500 | 30000 | 39000 | 3 |
| | Mametz, près Albert | ........................ | 138 (10) | 0 | 3 | 4 | 5 | [illegible] | [illegible] | 7 | 8 | 100 | 0 | 4400 | 3800 | 2200 | 1600 | 3800 | 32000 | 36000 | 3 |
| | Albert | Dominique Paullet | 160 | 2 | 8 | 4 | 0 | [illegible] | [illegible] | 18 | 6 | 90 | 2500 | 3400 | 3000 | 2200 | 1800 | 3500 | 28000 | 38000 | 3 |
| | Biorpigny p. Péronne | ........................ | 250 | 7 | 5 | 10 | 4 | [illegible] | [illegible] | 21 | 25 | 300 (11) | 2000 | 3200 | 3000 | 2600 | 2000 | 4000 | 31000 | 29000 | 3 |
| | LeFuzeau p. Chaulnes | Le sieur Gosselin | 150 | 0 | 10 | 7 | 0 | [illegible] | [illegible] | 10 | 12 | 100 | 0 | 3800 | 3200 | 2600 | 1700 | 3700 | 30000 | 38000 | 3 |
| St-Quentin | St-Lazart, p. St.-Q. | L'Hôtel-Dieu de Saint-Quentin | 380 | 0 | 0 | 10 | 0 | [illegible] | [illegible] | 22 | 14 | 300 | 0 | 0 | 3800 | 2700 | 1800 | 4400 | 29000 | 35000 | 3 |
| | Gauchy | M. de Montmorency-Laval | 245 | 0 | 9 | 4 | 0 | [illegible] | [illegible] | 14 | 14 | 220 | 0 | 3600 | 3000 | 2800 | 1600 | 4200 | 28600 | 34000 | 3 |
| | Dallon | M. Margerin | 110 | 0 | 2 | 0 | 0 | [illegible] | [illegible] | 8 | 3 | 100 | 0 | 3500 | 3200 | 2700 | 1600 | 4300 | 31500 | 39000 | 3 |
| | Roupy | L'abbaye de Royaumont | 220 | 0 | 0 | 7 | 4 | [illegible] | [illegible] | 18 | 4 | 230 | 0 | 0 | 3500 | 2650 | 2000 | 4200 | 30000 | 35000 | 3 |
| | Fluquières | M. Gain | 65 | 0 (12) | 0 | 1 | 2 | [illegible] | [illegible] | 6 | 7 | 0 | 0 | 0 | 3400 | 2400 | 1600 | 3800 | 30000 | 32000 | 3 |
| Amiens | Conty | J. F. Dangest | 30 | 4 | 0 | 0 | 4 | [illegible] | [illegible] | 5 | 0 | 20 | 2700 | 0 | 0 | 2300 | 0 | 4000 | 32000 | 34000 | 3 |
| | Nouville-sur-Selle | M. du Plouy | 45 (13) | 3 | 0 | 0 | 3 | [illegible] | [illegible] | 6 | 2 | 18 | 2000 | 0 | 0 | 2000 | 0 | 4000 | 36000 | 28000 | 3 |
| | Génonville, doyenné de Moreuil | M. Thierry | 350 | 3 | 0 | 0 | 15 | [illegible] | [illegible] | 12 | 5 | 120 | 2500 | 0 | 0 | 2600 | 0 | 4200 | 30000 | 33000 | 3 |
| | L'Epinois | M. de Lettre | 135 | 15 | 0 | 0 | 23 | [illegible] | [illegible] | 15 | 5 | 0 | 2400 | 0 | 0 | 2630 | 1800 | 3800 | 24000 | 34000 | 3 |
| | Le Belloy | Tout le hameau | 300 | 150 (14) | 0 | 0 | 10 | [illegible] | [illegible] | 130 | 30 | 400 | 0 | 0 | 300 | 2400 | 0 | 3500 | 28000 | 36000 | 3 |
| | Saint-Ribert | M. l'abbé de Moreuil | 63 | 0 | 0 | 0 | 2 | [illegible] | [illegible] | 8 | 3 | 0 | 0 | 0 | 0 | 2600 | 1800 | 4500 | 26000 | 35000 | 3 |
| | Aubvillers | M. de Braches | 220 | 0 | 0 | 0 | 4 | [illegible] | [illegible] | 12 | 25 | 200 | 0 | 0 | 0 | 2600 | 2000 | 4000 | 30000 | 34000 | 3 |
| | La Neuville | M. le comte de Villers | 300 | 12 | 0 | 0 | 60 | [illegible] | [illegible] | 12 | 20 | 150 | 2500 | 0 | 0 | 2000 | 0 | 3400 | 32000 | 38000 | 3 |
| | Rouvrel | M. le comte de Boufflers | 260 | 0 | 1 | 0 | 20 (15) | [illegible] | [illegible] | 12 | 25 | 100 | 0 | 0 | 0 | 2650 | 1500 | 3800 | 28000 | 35000 | 3 |
| | Le Hamel pr. Corbie | M. Soyer | 280 (16) | 39 | 16 | 10 | 16 | [illegible] | [illegible] | 60 | 40 | 0 | 2600 | 4500 | 4000 | 2500 | 1500 | 4000 | 28000 | 36000 | 3 |

| ÉLECTIONS ET PAYS RECONQUIS | NOMS DES FERMES | NOMS DES COLONS OU PROPRIÉTAIRES | DISTRIBUTION DES TERRES PAR ARPENT DE ROI OU 48.400 PIEDS CARRÉS (1) | | | | | | DÉNOMBREMENT DES BESTIAUX | | | | PRODUIT D'UN ARPENT DE PRAIRIE EN POIDS DE MARC | | | | | CONSOMMATION EN FOURRAGES d'une tête de bétail | ENGRAIS QUE DONNE PAR AN une tête de bétail | ENGRAIS NÉCESSAIRE SUR CHAQUE ARPENT | DURÉE des effets de l'engrais |
|---|---|---|---|---|---|---|---|---|---|---|---|---|---|---|---|---|---|---|---|---|---|
| | | | LABOURABLES EMPLOYÉES EN CÉRÉALES | PRÉ NATUREL | LUZERNE | TRÈFLE | SAINFOIN | VESCE, POIS, [illegible] | [illegible] ET POULAINS | VACHES ET VEAUX | COCHONS | MOUTONS | PRÉ NATUREL | LUZERNE | TRÈFLE | SAINFOIN | VESCE, POIS, BISAILLE, etc. | | | | |
| | | | | | | | | | | | | | livres | livres | livres | livres | livres | livres | livres | livres | ans |
| Abbeville | Nouvion | Tout le territoire | 800 | 10 (17) | 0 | 0 | 18 | [illegible] | [illegible] | 150 | 30 | 500 | 2400 | 0 | 0 | 2000 | 1800 | 4200 | 26000 | 38000 | 3 |
| | Valanglart, paroisse de Moyenneville | M. le marquis de Valanglart | 350 | 9 | 4 | 4 | 0 | [illegible] | [illegible] | 12 | 25 | 200 | 2500 | 4000 | 3000 | 0 | 1800 | 3800 | 32000 | 35000 | 3 |
| | Chartreuse d'Abbev. | ........................ | 200 | 8 | 2 | 4 | 2 | [illegible] | | | | | | | | | | | | | |
| | Saint-Nicolas | L'Hôtel-Dieu d'Abbeville | 340 | 3 (18) | 5 | 0 | 5 | [illegible] | [illegible] | 8 | 15 | 200 | 2600 | 4400 | 3400 | 2500 | 1600 | 4000 | 32500 | 38000 | 3 |
| | Balinval | La Commanderie de Beauvoir | 400 | 15 | 0 | 0 | 15 | [illegible] | [illegible] | 40 | 80 | 250 | 2400 | 4000 | 0 | 2400 | 1950 | 4200 | 30000 | 37000 | 3 |
| Doullens | Noyelles | L'abbaye de Saint-Riquier | 500 | 5 (19) | 0 | 3 | 8 | [illegible] | [illegible] | 40 | 45 | 300 | 2500 | 0 | 0 | 2400 | 1800 | 3800 | 25000 | 36000 | 3 |
| | Chateauneuf | M. de Lormoy | 1100 | 30 (20) | 2 | 20 | 0 | [illegible] | [illegible] | 30 | 80 | 300 | 2000 | 0 | 3600 | 2500 | 1500 | 4000 | 30000 | 36000 | 3 |
| | Campigneule | M. le baron de Torcy | 200 | 16 (21) | 5 | 0 | 5 | [illegible] | [illegible] | 50 | 80 | 400 | 2800 | 4600 | 3800 | 0 | 2000 | 4000 | 38000 | 37000 | 3 |
| | Cormont | M. le vicomte du Tertre | 350 | 2 | 0 | 0 | 2 | [illegible] | [illegible] | 0 | 60 | 150 | 2000 | 3000 | 0 | 2500 | 1800 | 3600 | 26000 | 31000 | 3 |
| | Les Longrois | Les Bernardins de Longvillers | 400 | 7 | 0 | 0 | 0 | [illegible] | [illegible] | 24 | 20 | 0 | 2200 | 0 | 0 | 2400 | 1600 | 4200 | 31000 | 30000 (22) | 3 |
| Boulonnais et pays reconquis | Ouglevert, paroisse de Marquise | L'Hôpital de Boulogne | 340 | 3 | 0 | 20 | 2 | [illegible] | [illegible] | 36 | 100 | 200 | 2500 | 0 | 0 | 0 | 1800 | 3800 | 29000 | 33000 | 3 |
| | | | | | | | | [illegible] | [illegible] | 25 | 80 | 400 | 2400 | 0 | 3600 | 2400 | 1700 | 4000 | 30000 | 38000 | 3 |
| | Lercamp pr. Marquise | M. de Nouvillers | 160 | 14 | 0 | 2 | 0 | [illegible] | [illegible] | 24 | 40 | 200 | 2600 | 0 | 3400 | 0 | 1900 | 3900 | 31000 | 35000 | 3 |
| | Le Manoir | M. le comte de Ste-Aldegonde | 250 | 14 | 0 | 0 | 0 | [illegible] | [illegible] | 24 | 12 | 200 | 2500 | 0 | 0 | 0 | 1800 | 4300 | 29000 | 35000 | 3 |
| | Ferlingham p. Ardres | M. de Francouville, de St-Omer | 120 | 3 | 0 | 0 (23) | 0 | [illegible] | [illegible] | 10 | 20 | 80 | 2400 | 0 | 0 | 0 | 1700 | 4000 | 30000 | 36000 | 3 |
| | La Chapelle | M. de Saint-Martin, d'Arras | 50 | 2 | 0 | 2 | 0 | [illegible] | [illegible] | 6 | 6 | 0 | 2000 | 0 | 3000 | 2500 | 2000 | 38[illegible]0 | 32000 | 29000 | 3 |
| | Hidelcamp près Ardinghem | Melle Caranton, de Boulogne | 100 | 5 | 0 | 2 | 0 | [illegible] | [illegible] | 7 | 6 | 80 | 2600 | 0 | 3500 | 0 | 1800 | 4000 | 34000 | 31000 | 3 |
| | | | | | | | | | | | | | | produits | | moyens | | | quotités | moyennes | |
| | | | 15611 | 402 | 187 | 223 | 466 | 13[illegible] | [illegible] | 1033 | 1168 | 9474 | 2328 | 3846 | 3392 | 2580 | 1786 | 3936 | 30490 | 35190 | 3 (24) |
| | | | moyen 373 | ces 5 produits additionnés divisés par les 45 exploitations | | | | | | division réduction faites 3962 | | | moyen de ces 5 produits 2785 | | | | | | | | |

# RÉCAPITULATION

Nombre total des arpents de terre des exploitations présentées dans ce tableau. — 15611 (1).

Nombre moyen des arpents de chaque exploitation, résultant de la division de la première somme par 58, nombre total des exploitations. — 373.

Nombre total des arpents de pré. — 2624.

Nombre moyen résultant de la division par 58. — 45.

Différence de la somme des prairies avec celle des terres. — 315 et le rapport 1 à 8 $\frac{1}{2}$

Nombre des têtes de bétail nourries sur la totalité des exploitations. — 3962.

Et pour chaque exploitation. — 68

Différence de cette dernière somme ou des têtes de bétail avec le nombre d'arpents de terre ou 373. — 305 et le rapport 1 à 5 $\frac{1}{2}$

Différence de ce même nombre de têtes de bétail avec celui des prés de chaque exploitation ou 45. — 23 et le rapport 1 $\frac{1}{2}$ à 1.

Produit moyen d'un arpent de prairies tant naturelles qu'artificielles. — 2783 livres.

(1) Il est inutile d'observer que les fractions ont été négligées dans tous ces calculs, toutes les fois qu'elles se sont trouvées au-dessous de la moitié de l'unité. Dans le cas contraire, nous les avons prises pour l'unité même. Quelqu'attention que nous ayons mise dans ces calculs, il est très possible qu'il nous soit échappé plusieurs fautes, mais ce dont nous sommes certains, c'est qu'elles ne peuvent être essentielles et porter quelqu'altération dans nos résultats

Consommation en fourrage d'une tête de bétail. — 3936 livres.

Ce que doivent consommer les 68 têtes, trouvées par arpent. — 267.646 livres.

Arpents qui donneront ce fourrage. — 96.

Différence de ce nombre qui devrait exister avec celui qui existe réellement ou 45. — 51 et le rapport à peu près 2 à 1.

Livres d'engrais que fournit une tête de bétail. — 30490.

Livres d'engrais qu'exige chaque arpent de terre. — 35190.

Durée des effets de cet engrais. — 3 années.

Quantité d'engrais nécessaire par année pour engraisser le tiers de l'exploitation ou 124 arpents. — 3.663.560 livres.

Têtes de bétail qui le fourniront. — 120.

Différence de ce nombre avec celui qui existe ou 68. — 62 et le rapport à peu près 2 à 1.

Arpents de près nécessaires pour nourrir ces bestiaux. — 133.

Différence de ce nombre avec celui de 373 qui désigne celui des arpents de terre (1). — 240 et le rapport de 3 à 8.

---

(1) Sous le nom de terres labourables, nous n'avons compris que celles employées à la culture des céréales, en sorte que cette colonne comprend toutes les terres de l'exploitation, les trois soles réunies, moins les terres cultivées en prairies tant naturelles qu'artificielles, et l'on se rappellera que nous avons rangé parmi ces dernières les vesces, bisailles, pois, lentilles, etc., qui n'occupent la terre qu'une année. Cette observation nous a paru importante pour justifier l'exactitude des quotités que nous avons données ; d'où il suit que le vrai rapport des prairies avec les terres labourables doit être en Picardie les trois huitièmes de ces dernières.

## OBSERVATIONS SUR LES TABLEAUX

(1) Nous avons réduit à l'arpent du Roi les mesures infiniment variées de la Picardie, telles que le Journal ou Journel, le Septier, la Septerée, la Mine, l'Arpent, etc. Les contenances que nous indiquons étant celles qui nous ont été déclarées par les fermiers et bien plus souvent encore par leurs laboureurs plus faciles à manier, on sent qu'il ne peut y avoir une exactitude rigoureuse, mais elle n'est pas nécessaire.

(2) Les poulains et les veaux ne formant qu'un objet infiniment petit, nous avons cru inutile de les ranger dans une case particulière; nous les avons évalués sur le pied de 3 pour une tête.

(3) Il n'y a sur cette ferme un aussi grand nombre de chevaux, que parce qu'elle est exploitée par M. Langlet, maître de poste de Cuvilly.

(4) M. Lorry le jeune, qui exploite cette ferme, sème des navets sur 20 verges de 18 pieds ou 6480 pieds; il récolte de 20 à 25 tombereaux de navets, dont partie est employée à la nourriture des bestiaux. C'est une sorte d'exception qui n'a pas dû entrer dans notre calcul. Ce fermier s'est assuré par une expérience de 10 ans qu'il y avait un bénéfice considérable à engraisser des vaches avec les navets; il en vend plusieurs jusqu'à 300 livres, lorsque celles du pays ne se vendent communément que 100 à 150 livres au plus. Cet objet de spéculation l'a fait renoncer aux moutons.

(5) Ce fermier emploie en carottes environ 800 pieds carrés de terrain; une partie de la récolte sert à la nourriture des vaches.

(6) Cette ferme est divisée par moitié entre le sieur

Charles Tranoy et la veuve de Louis Tranoy; comme les deux parties sont cultivées de la même manière, avec le même nombre de bestiaux et la même étendue de prairies, nous avons cru devoir les réunir.

(7) MM. Dumouy sont les premiers qui aient cultivé de la luzerne sur cette terre; ils ont fait curer toutes les mares, tous les fossés du canton, ont fait mettre en tas les produits, les y ont laissés un an et les ont ensuite répandus sur leurs luzernes, qui ont végété avec la plus grande vigueur.

(8) Une partie des terres de cette exploitation appartient à J. B. Dervillers; il tient l'autre à ferme de divers particuliers; il est assez rare de trouver dans l'élection de Péronne une ferme un peu considérable, qui ne soit pas divisée.

(9) Il n'y a que quelques années qu'on trouvait sur les fermes de cette élection de nombreux troupeaux de moutons et beaucoup de poulains; il serait bien intéressant de rechercher les causes qui les ont fait disparaître.

(10) Une partie de ces terres appartient au nommé Louis Froid qui les cultive; il tient les autres de différents propriétaires.

(11) Les bestiaux de cette ferme sont envoyés pendant une partie de l'année sur une pâture commune, assez étendue.

(12) Il n'y a de prairies naturelles dans toute l'élection de Saint-Quentin que celles qu'arrose l'Oise; toutes celles baignées par la Somme sont des marais tourbeux, dans lesquels il est impossible de faire du foin.

(13) Une assez grande partie de cette exploitation est en terres crayeuses, sablonneuses, qui ne sont ensemencées que tous les deux ans et ne rapportent que de l'avoine.

(14) Les 150 arpents de pré, que nous portons ici, ne sont qu'une pâture commune, qu'on ne fauche point, ou du moins dont on ne fauche que quelques portions très-peu étendues. Avant l'incendie, qui, en 1784, détruisit entièrement ce village, il avait le double de bestiaux qu'il a aujourd'hui. Ce village nous semble prouver évidemment combien il importe à la perfection de l'agriculture que les exploitations ne soient pas trop étendues, les bestiaux de Belloy étant avec les terres dans un rapport beaucoup plus étendu qu'aucune exploitation particulière que nous connaissions. Il prouve encore, ce village, combien est contraire à l'Agriculture le partage des communes, dont l'intérêt particulier a pu seul exalter les avantages.

(15) On ne fait point de sainfoin sur cette ferme, mais beaucoup de pamelle que j'ai cru pouvoir représenter par 20 arpents de sainfoin, la pamelle n'ayant pas une culture assez étendue pour obtenir une case particulière dans ce tableau, déjà assez compliqué.

(16) Il n'y a qu'une partie de cette exploitation qui appartienne à M. Soyer. Il tient l'autre à ferme. C'est un des cultivateurs de la Picardie qui connaisse mieux la culture des prairies artificielles. Les différentes sortes de prairies artificielles ayant été cumulées dans les informations que nous avons prises sur cette exploitation, nous n'en garantissons que le résultat total, la distribution que nous en avons faite étant nécessitée par le plan de notre tableau. On observera que le journal du Hamel n'est que le tiers de l'arpent de Roi. Nous avons cumulé avec les chevaux environ 12 poulains que M. Soyer élève tous les ans; ils forment 4 têtes. Les contenances indiquées sont réduites, comme toutes les autres, en arpent de Roi ou 48.400 pieds.

(17) Il n'y a point de prés naturels sur ce territoire, mais environ 40 arpents de pâture, que nous avons représentés par 10 de pré, évaluation trop forte. Il n'y a un aussi grand nombre de chevaux que pour le transport des bois qui sont communs dans ce canton. Aussi est-ce dans les bois que ces chevaux trouvent leur nourriture, la majeure partie de l'année.

(18) Il n'y a point de prairies sur cette exploitation, mais j'ai représenté par 3 arpents de pré 12 arpents de pâture; il n'y a que 20 vaches, mais j'ai compris dans leur article 20 bœufs, qui se trouvent sur la ferme.

(19) Nous avons représenté par 5 arpents de prairie 20 arpents de pâture. Cette ferme venant d'être divisée, nous ignorons la manière dont elle est tenue en ce moment.

(20) Nous avons représenté par 10 arpents de pré 40 arpents de pâture.

(21) Nous avons représenté par 4 arpents de pré 12 arpents de pâture.

(22) La craie, dont on se sert dans ce canton sous le nom de marne, peut suppléer et supplée effectivement beaucoup d'engrais.

(23) Point de tréfle dans cette terre, qui y est aussi propre que j'ai jamais vue. Elle est douce, très meuble, marneuse; elle a du fond et un peu d'humidité. Toutes les terres qui se trouvent entre Ardres et Guines ont à peu près le même caractère et sont très propres au trèfle qui y vient très-bien, mais il est beaucoup trop rare. Cette culture est peut-être le meilleur moyen de relever celle du lin, qui commence à décliner dans ce canton, qui lui convient bien.

(24) De cette uniformité dans la fixation de trois années pour la durée des effets de l'engrais, il faut bien

se garder de conclure que, dans toutes les exploitation que nous avons citées, les terres soient réellement fumée toutes les trois années; elles ne le sont pour la plupar que tous les 9 ans et beaucoup plus rarement encore; mai tous les cultivateurs que nous avons interrogés son convenus que l'effet de l'engrais ne se prolongeait réelle ment point au-delà de la troisième année.

( *Fin du Mémoire couronné* ).

# LISTE

DES

# PRINCIPALES PUBLICATIONS

DE

# FRANÇOIS-HILAIRE GILBERT.

La nomenclature, que nous allons présenter, est extraite de la bibliographie agronomique, publiée par de Musset-Pathay (1) ; elle renferme seulement les principaux ouvrages de Gilbert. Mais, d'après ses biographes, ce savant agronome a fourni de nombreux articles aux journaux ou aux revues périodiques, qui traitaient spécialement de l'agriculture ou de l'art vétérinaire. D'un autre côté, bien des emprunts ont été faits à plusieurs de ses publications, surtout, à son Traité des Prairies artificielles, par divers auteurs, qui ont écrit sur l'Économie rurale.

Cependant, pour ne point sortir du cadre que nous nous sommes tracé et dans lequel nous renferme l'ouvrage cité plus haut, nous classons ainsi par ordre chronologique ses principaux ouvrages, en reproduisant les notes mêmes du bibliographe.

(1) Paris, Colas, 1810, in-12.

1° — Recherches sur les espèces de Prairies artificielles qu'on peut cultiver avec le plus d'avantage en France, par F.-H. Gilbert. Paris, in-12, 1789.

On a recueilli, dit de Musset-Pathay sous le n° 1666, tout ce qu il fallait pour compléter cet excellent ouvrage dans le *Traité sur les Prairies.* (Voir ci-après).

2° — Traité des Prairies artificielles, ou Recherches sur les espèces de plantes propres à former les prairies, par Gilbert, in-8°, 1790.

Réimprimé in-12, en 1802. — Bibliog. agronom. n° 1945.

3° — Instruction sur les moyens de guérir et surtout de prévenir la maladie qui règne sur les bestiaux dans le département de la Haute-Vienne, et de s'opposer à sa propagation, par les citoyens Gilbert et Lacroix. Paris, in-8°, 1793.

Bibliog. agronom. n° 843.

4° — Instruction sur le vertige abdominal ou indigestion vertigineuse des chevaux, in-8°, 1795.

Bibliog. agronom. n° 837.

5° — Recherches sur les causes des maladies charbonneuses dans les animaux, par Gilbert, membre du Corps législatif, (1) in-8°, 1795.

Bibliog. agronom. n° 1665.

(1) D'après la lettre de remercîment, que nous fait connaître M. A. Delafouchardière (Op. cit. p. 154), Gilbert n'a été nommé au Corps législatif qu'en l'an VIII (1800) ; la *Bibliographie agronomique* commet donc une erreur, en le qualifiant de législateur dès 1795.

6° — Instruction sur le claveau des moutons, par Gilbert, in-8°, 1796.

Bibliog. agronom. n° 834.

7° — Instruction sur les moyens les plus propres à assurer la propagation des bêtes à laine de race d'Espagne, et la conservation de cette race dans toute sa pureté, publiée par le conseil d'agriculture, par Gilbert, membre du Conseil législatif, in-8°, 1797.

Bibliog. agronom. n° 847.

8° — Mémoire sur la tonte du troupeau national de Rambouillet, la vente de ses laines et de ses productions disponibles, par Gilbert, membre du Corps législatif, in-4°, 1797.

Bibliog. agronom. n° 1168.

9° — Instruction sur les effets des inondations et débordements des rivières, relativement aux prairies, aux récoltes des foins, par Cels (1) et Gilbert, in-8°, 1802.

Bibliog. agronom. n° 840.

(1) Cels était membre de l'Institut et de la Société d'agriculture de Paris. De Musset-Pathay n'a point fait observer que cette publication était posthume, à l'égard de Gilbert, qui est décédé le 8 septembre 1800.

# INDEX

DE

## DIVERSES PUBLICATIONS AGRONOMIQUES

INTÉRESSANT LA PICARDIE ET QUI ONT PARU DANS LA SECONDE MOITIÉ DU XVIIIe SIÈCLE.

La Picardie ne pouvait rester en arrière du mouvement économiste, qui a marqué la seconde moitié du XVIIIe siècle. Pour mieux l'établir, nous empruntons également à la bibliographie de Musset-Pathay l'indication de diverses publications, qui intéressent plus particulièrement l'agriculture de cette province, soit parce qu'elles se rattachent à quelques-unes de ses contrées, soit parce qu'elles émanent d'auteurs picards. Comme on le remarquera, l'impulsion académique a donné naissance à plusieurs de ces ouvrages, et c'est en suivant l'ordre chronologique que nous les mentionnons.

Les observations, qui suivent diverses notices, sont extraites aussi de la publication, citée plus haut ; les notres sont renvoyées au bas de la page.

1° — Catalogue nouveau de bons fruits, par M. de Francheville (1), in-12, 1753.

Bibliog. agronom. n° 224.

(1) Joseph Dufresne de Francheville, né à Doullens en 1704, est plus connu par la première édition du siècle de Louis XIV. Il mourut à Berlin le 9 mai 1781.

2° — Mémoire sur la qualité des laines propres aux manufactures de France. Amiens, Godard, in-12, 1754.

Couronné par l'Académie d'Amiens. — Bibliog. agronom. n° 1239.

3° — Dissertation sur les effets que produit le taux de l'intérêt de l'argent sur le commerce et l'agriculture, qui a remporté le prix, en 1755, à l'Académie d'Amiens, par M. Clicquot Blervache (1), in-12.

Bibliog. agronom. n° 516.

4° — Dissertation sur la tourbe de Picardie, par M. Bellery. Amiens, in-12, 1755.

Couronnée en 1754, par l'Académie d'Amiens. — Bellery était professeur de mathématiques à Amiens et ingénieur du comte d'Artois.

Bibliog. agronom. n° 498.

5° — Mémoire sur les laines, par M. l'abbé Carlier, sous le nom de Blancheville, in-12, 1755. (2)

Bibliog. agronom. n° 1218.

6° — Réflexions sur le commerce des blés, ou Réfutation de l'ouvrage de M. Necker sur la législation des

(1) Né à Reims le 7 mai 1723, Clicquot Blervache fut nommé inspecteur des manufactures et du commerce.

(2) Voir sur l'abbé Carlier la notice du n° 11.

grains, par Condorcet (1). Londres, in-8°, 1756.

Plusieurs exemplaires de cet ouvrage ont paru sous ce titre : Du commerce des blés, pour servir à la réfutation, etc. Paris, Grangé, in-8°, 1775.

Bibliog. agronom. n° 1701.

7° — Mémoire sur la tourbe, par M. Bizet, de l'académie des sciences, belles-lettres et arts d'Amiens. Amiens, in-12, 1758 (2).

C'est le résultat des observations que l'auteur a faites dans les marais de la Picardie. Mais, comme la tourbe de cette province diffère peu de celle des autres pays, les connaissances, que renferme ce mémoire, concernent autant la tourbe en général, que celle qui en a fourni le sujet.

Bibliog. agronom. n° 1159.

8° — Observations sur la culture des arbres à haute-tige, particulièrement des pommiers, par Thierrat, procureur du Roi, à Chauny, 1760.

Bibliog. agronom. n° 1442.

9° — Mémoire sur la mortalité des moutons en Bou-

(1) Le marquis de Condorcet, né à Ribemont, en Picardie, en 1743, était membre de l'Académie française et de celle des sciences. En 1793, il fut trouvé mort à Bourg-la-Reine, dans un cachot, où il avait été mis la veille. On croit qu'il s'empoisonna, dans la crainte de l'échafaud.

(2) Sous le n° 1169, la Bibliographie agronomique signale une seconde édition de ce mémoire, publiée en 1759. — Bizet, né à Amiens en 1728, est mort le 31 décembre 1808.

lonnais, par M. Desmars (1), médecin à Boulogne-sur-Mer. Boulogne, in-4°, 1762.

Bibliog. agronom. n° 1148.

10° — Mémoire sur la culture du lin en Picardie, par M. de Rheinvilliers. Abbeville, 1762.

Ce mémoire offre le résultat des observations de l'auteur. Grosley les inséra en 1763 dans ses Ephémérides troyennes.

Bibliog. agronom. n° 1113.

11° — Considérations sur les moyens de rétablir en France les bonnes espèces de bêtes à laine, par l'abbé Carlier. Paris, Guillyn, in-12, 1762.

L'auteur parle de la qualité des pâturages, des différentes températures de la France, des provinces les plus favorables à l'établissement des bêtes à laine.

M. Turgot remit à l'abbé Carlier trois cents mémoires sur les moutons ; l'abbé en composa un ouvrage.

Carlier (Claude), jadis prieur d'Andresi, né à Verberie en 1723, a été couronné neuf fois par les académies : quatre fois par celle des inscriptions et belles-lettres ; deux fois par celle de Soissons, et trois fois par celle d'Amiens. Ces neuf couronnes sont un phénomène oublié, comme l'auteur, mais cependant bon à rappeler.

Bibliog. agronom. n° 280.

12° — Instruction sur la manière d'élever et de perfectionner la bonne espèce des bêtes à laine en Flandre, par M. l'abbé Carlier, in-12, 1763.

Biblog. agronom. n° 823.

(1) Mort en 1767.

13° — Instruction familière en forme d'entretiens sur les principaux objets qui concernent la culture de la terre, par M. Thierat (1), conseiller du Roi, garde-marteau de la maîtrise des eaux et forêts de Chauny. Paris, in-12, 1763.

Cet ouvrage est terminé par un mémoire sur la cause du dépérissement des forêts du royaume, et sur les moyens qu'on pourrait mettre en usage pour se procurer de beaux arbres.

Bibliog. agronom. n° 801.

14° — Histoire naturelle, propriétés et productions des différents territoires du duché de Valois, par M. l'abbé Carlier, prieur d'Andresy. Paris, 3 vol. in-4°, 1764.

Les qualités et propriétés des terres incultes et cultivées de ces cantons, des détails sur le bétail, la volaille, les poissons, les bois, etc., qu'on trouve dans cet ouvrage, lui donnent des rapports avec ceux consacrés à l'agriculture.

Bibliog. agronom. n° 773.

15° — Traité des bêtes à laine, ou Méthode d'élever et de gouverner les troupeaux aux champs et à la bergerie, par M. Carlier. Paris, in-12, 1770; Compiègne, 2 vol. in-4°, fig.

Ce traité est divisé en deux parties. Dans la première est un corps d'instruction sur la manière de gouverner les bêtes à laine; la seconde contient un dénombrement et une description des

(1) Il était de la Société d'Agriculture de Soissons. Il a écrit en 1752 sur les pommiers. — Voir le n° 8 plus haut.

principales espèces de bêtes à laine, dont on fait commerce en France.

Bibliog. agronom. n° 1924.

16° — Mémoire sur les argiles ou recherches et expériences chimiques et physiques sur la nature des terres les plus propres à l'agriculture et sur les moyens de fertiliser celles qui sont stériles, par M. Baumé (1), maître apothicaire de Paris et démonstrateur en chimie. Paris, in-12, 1770.

L'auteur expose que cette question aurait dû être l'objet d'un prix, la première partie demandant les plus hautes connaissances de la chimie, et la seconde, un agriculteur consommé.

En conséquence, après avoir traité la première partie en chimiste, M. Baumé présente le résultat des expériences qu'il aurait faites, s'il eut été à portée de se livrer à l'agriculture.

Bibliog. agronom. n° 1286. — Mais d'après le n° 1197, une autre édition de ce mémoire semble avoir été publiée la même année 1770, dans le format in-8°.

17° — Méthode pour détruire les taupes, avec la figure de la machine pour les prendre, par Ducarne de Blangy (2), in-8°, (vers 1770).

Bibliog. agronom. n° 1313.

(1) Baumé, de l'Académie des sciences, de celle de Madrid, est né à Senlis en 1728.

(2) Né à Hirson (Aisne), en 1728; il était membre de la Société d'agriculture de Laon.

18° — Méthode pour recueillir les grains en temps de pluie, en forme de dialogue, in-12, 1771.

Réimprimée en l'an VI sous ce titre : Méthode pour recueillir les grains dans les années pluvieuses et les empêcher de germer, par Ducarne de Blangy, in-8°.

Bibliog. agronom. n° 1314.

19° — Mémoire sur la culture de la garance, par Althen. Amiens, in-8°, 1772 ; Paris, in-4°, 1779.

Bibliog. agronom. n° 1105.

20° — Lettre d'un laboureur de Picardie à M. Necker, auteur prohibitif, par Condorcet. Paris, in-8°, 1775.

Bibliog. agronom. n° 927.

21° — Supplément au traité de l'éducation économique des abeilles, par M. Ducarne de Blangy, in-12, 1776. (1)

Bibliog. agronom. n° 1790.

22° — Examen de l'essai sur l'aménagement des forêts, par M. de Sesseval (2), in-8°, 1779.

Bibliog. agronom. n° 667.

23° — Le citoyen à la campagne, ou réponse à la question :

(1) L'auteur a donné en 1810, à Paris, chez Guillemard, une troisième édition de son Traité sur l'éducation économique des abeilles.

(2) Il était maître des eaux et forêts de Clermont, en Beauvoisis

Quelles sont les connaissances nécessaires à un propriétaire qui fait valoir son bien pour vivre à la campagne d'une manière utile pour lui et les paysans qui l'environnent : dans le cas où les propriétaires ne demeurent point dans leurs biens, quelles seraient également les connaissances nécessaires, pour que les curés, indépendamment de leurs augustes fonctions, pussent être utiles à leurs paroissiens. Genève, in-8°, 1780.

Ouvrage qui a partagé le prix de la Société royale d'agriculture de Soissons, du mois de février 1780, par M. J.-F. Bouthier, avocat à Vienne, en Dauphiné.

Bibliog. agronom. n° 247.

24° — Le Produit et le Droit des communes et autres biens, ou Encyclopédie rurale, économique et civile, par un honoraire des académies des sciences d'Amiens, d'Arras, par le vicomte de la Maillardière (1), in-8°, 1782.

Bibliog. agronom. n° 1587.

25° — Mémoire sur l'éducation des troupeaux et la culture des laines, par M. Roland de la Platière, in-4°, 1783 (2).

Bibliog. agronom. n° 1128.

(1) Il était lieutenant de Roi au gouvernement de Picardie, capitaine de cavalerie et chevalier d'honneur à la Chambre des Comptes de Bourgogne.

(2) Une première édition parut en 1779, format in-8°. — Roland de la Platière, né près de Villefranche (Rhône), a exercé à Amiens les fonctions d'inspecteur ordinaire des manufactures.

26° — L'art du tourbier, par M. Roland de la Platière, 1783.

Bibliog. agronom. n° 141.

27° — Mémoire sur l'agriculture du Boulonnais et des cantons maritimes voisins, par M. D. C. (Dumont-Courset) Boulogne, Fr. Dolet, in-8°, 1784.

Bibliog. agronom. n° 1121.

28° — Ebauche des principes surs pour estimer exactement le revenu net au propriétaire de biens-fonds et fixer ce que le cultivateur peut et doit en donner de ferme, par M. Carpentier (1), 1775.

Bibliog. agronom. n° 527.

29° — Traité de la carie ou blé noir, par M. Lapostolle (2). Paris, in-8°, 1788.

Bibliog. agronom. n° 1856.

30° — Mémoire sur le desséchement des marais et particulièrement de ceux du Laonnais, par Cretté de Palluel (3). Paris, in-8°, 1789.

(1) Né à Beauvais; mort en 1778 à 89 ans, Il était expert estimateur.

(2) Né à Maubeuge, le 21 décembre 1749, mort à Amiens le 19 décembre 1831, après avoir pratiqué, de longues années, comme pharmacien.

(3) Cretté de Palluel, agronome français, né près de Paris le 31 mars 1741, mort le 29 novembre 1798. D'après la biographie de MM. Didot, son mémoire sur le desséchement des marais remporta le prix de

Bibliog. agronom. n[os] 1172 et 1182. — Une autre édition a paru, en 1802, avec des notes de Chassiron.

31° — Analyse pratique de la manipulation du chanvre, par Bralle, curé de Tertry, près d'Amiens (1). Amiens, in-8°, 1790.

Bibliog. agronom. n° 68.

32° — Mémoire sur l'éducation des troupeaux, par Delporte (2), in-8°, 1791.

Bibliog. agronom. n° 1127.

600 fr., fondé par le duc de Charost, et lui valut son admission dans la plupart des sociétés agronomiques de France et plusieurs récompenses honorifiques.

On a de lui également un autre ouvrage, que nous devons mentionner, par suite de sa corrélation avec notre publication :

Traité sur les prairies artificielles : Extrait des Mémoires de la Société d'agriculture de Paris et des auteurs modernes les plus estimés, augmenté de la culture de dix plantes qui ne se trouvent pas dans Gilbert ; auquel on a ajouté la description d'une machine indispensable dans les grandes exploitations, avec laquelle on coupe facilement par heure soixante boisseaux de racine. Paris, in-8°. 1801.

(1) Tertry est près d'Athies (Somme) et à plus de 60 kilomètres d'Amiens ; — mais, nous avons dû reproduire la notice du bibliographe, avec l'erreur qu'elle renferme.

(2) Né en 1746 à Boulogne-sur-Mer où il mourut en 1819. Il était correspondant de la Société d'agriculture. Comme Bertin à Roye et Langlet à Cuvilly, Delporte était à la tête des progrès de culture dans sa contrée. Gilbert l'a souvent consulté et rend toujours hommage à la sureté de ses méthodes agricoles.

33° — Avantage du desséchement des marais et manière de profiter des terrains desséchés, par L.-E. Belfroy. Paris, 1793, in-8°.

Ce mémoire concourut en 1786 pour le prix proposé par la Société d'agriculture de Laon.

Bibliog. agronom. n° 156.

34° — Examens des causes de la disette des bestiaux et des moyens de nous en redimer, par Préaudeau, cultivateur. Paris, in-8°, an II.

Bibliog. agronom. n° 668.

35° — Des haies considérées comme clôtures ; de leurs avantages et des moyens de les obtenir, par M. Préaudeau-Chemilly, cultivateur (1) ; in-8°, 1794.

Bibliog. agronom. n° 404.

36° — De l'amélioration générale du sol français dans ses parties négligées ou dégradées, par J.-M. Coupé (de l'Oise). Paris, 1795, in-8°.

Le but de cet écrit est de rétablir la verdure sur les montagnes et les coteaux nus, de prouver la nécessité d'entreprendre et d'étendre les plantations d'arbres. Il est suivi d'une observation sur l'extraction du soufre des terres houilles des environs de l'Oise.

Bibliog. agronom. n° 47.

(1) A Bourneville, près Laferté-Milon (Aisne) ; il était membre de la Société d'agriculture.

37° — Description topographique du district de Boulogne-sur-Mer : Etat de son agriculture et moyens de l'améliorer, par les citoyens Delporte et Henry. Paris, an VI, in-8°, fig.

Bibliog. agronom. n° 400.

38° — Instruction sur les procédés découverts par M. Bralle, d'Amiens, pour rouir le chanvre en deux heures de temps et en toutes saisons, sans en altérer la qualité. Paris, an XII, in-8°.

Bibliog. agronom. n° 849. — Voir le n° 31.

La liste, que nous venons de dresser, paraîtra fort incomplète, car elle ne renferme aucune des productions du savant picard, qui a le plus contribué au développement de l'économie rurale dans la période que nous venons de parcourir. Nous voulons parler de l'illustre Parmentier.

Mais, le nombre de ses travaux est tellement considérable que nous avons dû renoncer à les mentionner, préférant de beaucoup ne rappeler, dans cet index, que des publications d'auteurs moins connus, qu'il importait de tirer de l'oubli.

Dans son excellente histoire de Montdidier (1), M. Victor de Beauvillé a fait de l'œuvre littéraire et

(1) Paris, Didot frères, 1857. 3 vol. in-4°.

scientifique de Parmentier une étude spéciale, après laquelle il n'y a plus à glaner ; aussi, aurions-nous eu, par cela même, à reproduire littéralement les soixante-huit notices qu'il est parvenu à réunir, de 1772 à 1813, alors que de Musset-Pathay n'en avait recueilli que cinquante-et-une, jusqu'en 1810, date de l'impression de son Dictionnaire agronomique.

Pour ne pas nous engager dans une vaine reproduction, nous renvoyons donc le lecteur au Tome III, p. 282, de l'ouvrage que nous venons de citer.

Le célèbre propagateur de la pomme de terre, qui a si vivement éclairé son siècle, par ses brillantes découvertes, a trouvé, sous la plume d'un érudit compatriote, un ardent apologiste de ses immenses services.

Mais, il eut manqué quelque chose à la gloire de ce bienfaiteur de l'humanité, si, dans son étude bibliographique, inspirée par le génie de l'histoire locale, M. Victor de Beauvillé ne l'avait à jamais consacrée.

# TABLE DES MATIÈRES.

FIN DE LA TABLE DES MATIÈRES.

Amiens. — Imprimerie A. Douillet et C[e], rue du Logis-du-Roi, 3.